中国茂兰鸟类

Birds of Maolan, China

匡中帆　姚正明　**主编**

贵 州 省 生 物 研 究 所
贵州茂兰国家级自然保护区管理局

科学出版社

北 京

内 容 简 介

  本书是在作者自 2011 年开始对贵州茂兰国家级自然保护区的鸟类进行实地调查及监测的基础上，对现阶段该地区鸟类调查的系统总结。本书记录了该地区鸟类 18 目 62 科 261 种及亚种，按最新的鸟类分类系统——《中国鸟类分类与分布名录（第三版）》（郑光美，2017）中使用的系统编排整理。

  本书适合鸟类学研究领域的科研人员和学生、观鸟爱好者、保护区管理人员阅读和参考。

图书在版编目（CIP）数据

中国茂兰鸟类 / 匡中帆，姚正明主编. — 北京：科学出版社，2020.6
ISBN 978-7-03-065311-6

Ⅰ. ①中… Ⅱ. ①匡… ②姚… Ⅲ. ①自然保护区－鸟类－荔波县－图集
Ⅳ. ①Q959.708-64

中国版本图书馆CIP数据核字（2020）第092515号

责任编辑：张会格　付　聪 / 责任校对：郑金红 / 责任印制：肖　兴
封面设计：北京图阅盛世文化传媒有限公司
装帧设计：北京美光设计制版有限公司

科 学 出 版 社 出版

北京东黄城根北街16号
邮政编码：100717
http://www.sciencep.com

北京汇瑞嘉合文化发展有限公司 印刷

科学出版社发行　各地新华书店经销
*

2020年6月第 一 版　开本：889×1194 1/16
2020年6月第一次印刷　印张：18 3/4
字数：607 000

定价：298.00元

《中国茂兰鸟类》编委会

前　言

Preface

　　贵州茂兰国家级自然保护区（以下简称：茂兰保护区）地处贵州荔波县南部，毗邻广西木论国家级自然保护区，地理位置为北纬 25°09′20″ ～ 25°20′50″、东经 107°52′10″ ～ 108°05′40″，东西 22.8km，南北 21.8km，总面积 21 285hm²，其中，核心区 8305hm²，缓冲区 8130hm²，实验区 4850hm²，森林覆盖率达 88.61%。属于中亚热带季风湿润气候，具有春秋温暖、冬无严寒、夏无酷暑、雨量充沛的特点。年平均气温 15.3℃，年最大温差 18.3℃，全年降水量 1750 ～ 1950mm。

　　茂兰保护区在植被分区上处于亚热带常绿阔叶林区东部（湿润）常绿阔叶林亚区中亚热带常绿阔叶林带。其自然植被除少量藤刺灌丛和灌草丛外，均为发育在喀斯特地貌上原生性的常绿落叶阔叶混交林，是一种地带性的植被。林区内生物资源极为丰富，有高等植物 241 科 870 属 2199 种，其中，国家Ⅰ级重点保护野生植物 7 种：单性木兰、掌叶木、辐花苣苔、单座苣苔、红豆杉、南方红豆杉、异形玉叶金花；国家Ⅱ级重点保护野生植物 100 余种，特有植物 26 种；脊椎动物 470 种，其中兽类 97 种、两栖类 34 种、爬行类 47 种、鸟类 253 种、鱼类 39 种，其中，国家Ⅰ级重点保护野生动物 5 种：豹、蟒、白颈长尾雉、林麝、中华沙秋鸭，国家Ⅱ级重点保护野生动物 40 多种；昆虫 184 科 1468 种。保护区内森林植被保存完好，生境多样，环境特殊，是众多野生动物的重要栖息场所。

　　茂兰保护区始建于 1984 年，同年由贵州农学院承担并开展了综合科学考察。在此之前，吴志康先生为完成《贵州鸟类志》在省内广大地区开展了调查，补充完善了贵州鸟类分布数据，但所调查区域未涉及茂兰地区。从 2011 年作者到茂兰保护区开展长期的鸟类监测到现在已有 8 年，作者通过长期的实地调查，补充完善了当地鸟类的基础资料，茂兰保护区共记录到鸟类 17 目 61 科 258 种和亚种，本书全面介绍了这些鸟类。在本书即将出版之际，作者又调查发现茂兰保护区新纪录 3 种和亚种：钳嘴鹳、黄头鹡鸰、黄胸鹀，补遗在正文的最后。希望本书的编写与出版能够为从事鸟类研究和野生动物保护管理的工作者提供参考。在此对本书的所有参与人员表示衷心感谢！

　　由于编者水平有限，书中难免有错漏，恳请广大读者与专家指正并提出宝贵意见。

编　者

2019 年 6 月

凡　例

Explanatory Notes

一、鸟类学术语

夏 候 鸟：春夏季留居并繁殖的鸟，在该地为夏候鸟。

冬 候 鸟：仅在冬季留居的鸟，在该地称为冬候鸟。

旅　　鸟：仅在春秋季迁徙时停留的鸟。

迷　　鸟：偶然出现的鸟，通常不作居留型说明。

留　　鸟：终年留居在出生地而不迁徙，有时只进行短距离游荡。

成　　鸟：发育成熟（性腺成熟）、羽色显示出种的特色和特征、具有繁殖能力的鸟。一般小型鸟出生后 2 年即为成鸟；大中型鸟需经 3 ～ 5 年后性成熟。

雏　　鸟：孵出后至廓羽长成之前，通常不能飞翔。

幼　　鸟：离巢后独立生活，但未达到性成熟的鸟。

亚 成 鸟：比幼鸟更趋向成熟的阶段，但未到性成熟的鸟，有的也作幼鸟的同义词。

早 成 鸟：雏鸟出壳后全身被绒羽，眼睁开，有视力、听力，有避敌害反应，能站立、自行取食、随亲鸟行走。又称离巢型鸟。

晚 成 鸟：雏鸟出壳后体躯裸露，无羽或仅有稀疏羽，眼不睁，仅有简单求食反应，不能站立，要亲鸟保温送食。又称留巢型鸟。

半早成鸟：雏鸟在发育上属早成鸟，而在习性上为晚成鸟，滞留巢内，亲鸟喂一段时间才离巢，如鸥类。

半晚成鸟：初出壳雏鸟不全被绒羽，眼睁或未睁，脚无力不能站立，需亲鸟保暖喂食，如猛禽。

夏　　羽：为成鸟在繁殖季节的被羽，也叫繁殖羽，是早春换羽而呈现的羽。

冬　　羽：繁殖期过后，经过一次完全换过的羽。旅鸟在迁徙过程完成换羽。

翈：即羽瓣，是羽片的一侧，在羽毛内侧者称内翈，在羽毛外侧者称外翈，通常外翈较内翈狭窄。

纵　　纹：与羽毛上的羽轴平行或接近平行的斑纹。

轴　　纹：与羽轴重合的纹，也叫羽干纹。

带　　斑：多羽连成的带状斑纹。

横　　斑：与羽轴垂直的斑纹。

端　　斑：位于羽毛末端的斑纹或斑块。

次 端 斑：紧靠近端斑的斑块。

羽 缘 斑：沿羽毛边缘形成的斑纹。

蠹 状 斑：极细密波纹状的斑纹或不规则细横而密的纹斑，像小蠹虫在树皮下哨的坑道。

二、鸟体各部名称

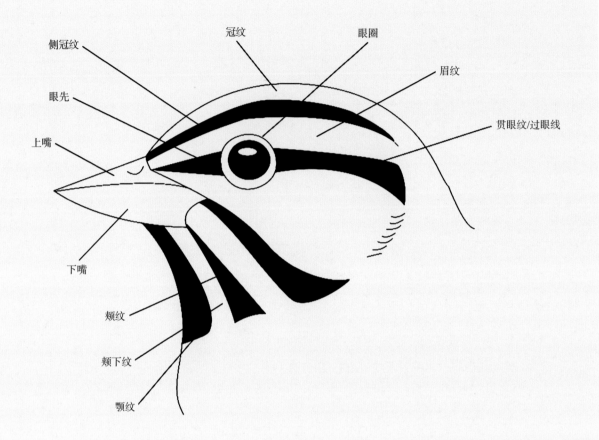

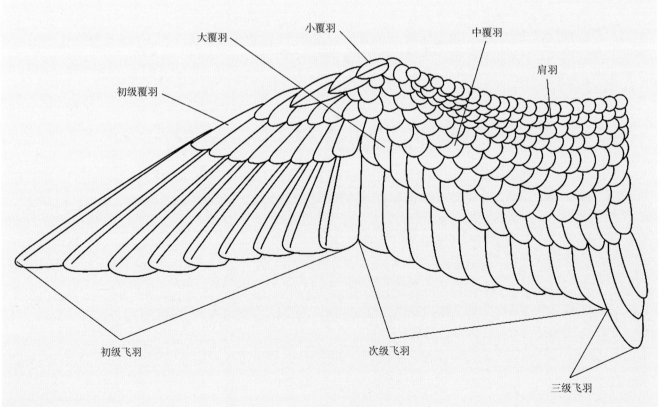

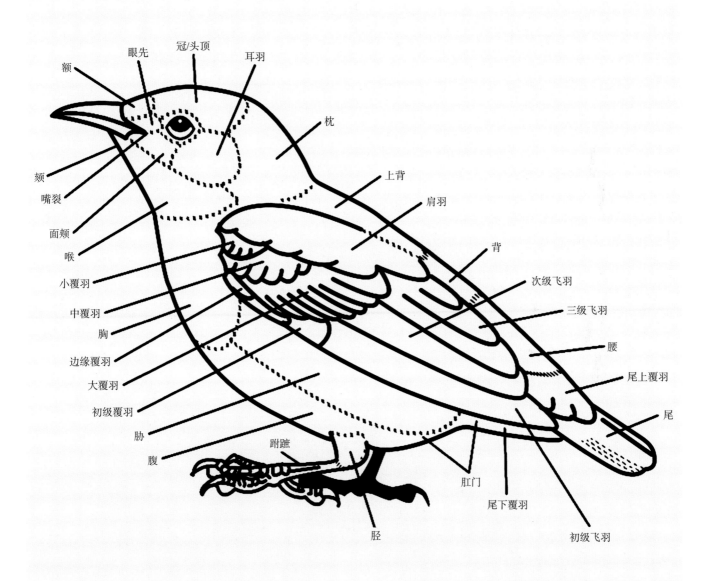

眼先　冠/头顶　耳羽　枕　上背　肩羽　背　次级飞羽　三级飞羽　腰　尾上覆羽　尾　初级飞羽　尾下覆羽　肛门　胫　跗蹠　腹　胁　初级覆羽　大覆羽　边缘覆羽　胸　中覆羽　小覆羽　喉　面颊　嘴裂　颏　额

目 录

Contents

第一章

绪 论

中 国 茂 兰 鸟 类

一、茂兰保护区自然概况

茂兰保护区始建于1984年,1996年被联合国教科文组织批准纳入"人与生物圈"保护区网络成员,2007年被收入联合国教科文组织的《世界遗产名录》。茂兰保护区位于贵州荔波县南部,毗邻广西木论国家级自然保护区,地理位置为北纬25°09′20″～25°20′50″、东经107°52′10″～108°05′40″,总面积21 285hm²,其中核心区8305hm²,缓冲区8130hm²,实验区4850hm²。为森林生态系统类型,森林覆盖率达88.61%,核心区森林覆盖率达92%,保护对象为中亚热带喀斯特森林生态系统及其珍稀濒危野生动植物。是地球同纬度地区残存下来的一片面积最大、相对集中、原生性强、相对稳定的喀斯特森林,是一个难得的生物基因库。

茂兰保护区处于贵州高原向广西丘陵平原过渡的斜坡地带,地势西北高东南低,海拔430～1078m。属于中亚热带季风湿润气候,具有春秋温暖、冬无严寒、夏无酷暑、雨量充沛的特点。年平均气温15.3℃,年最大温差18.3℃,全年降水量1750～1950mm,年平均降水量1752.5mm,年平均湿度约83%,年平均日照约1272.8h,日照百分率29%,年太阳辐射量为63 289.80kW。降水集中分布在4～10月。茂兰保护区的森林地貌环境形成了4～9月峰丛洼地气温随高度增加而升高,10月至翌年3月随高度增加而降低的逆温小地形气候特点。

茂兰保护区在植被分区上处于亚热带常绿阔叶林区东部(湿润)常绿阔叶林亚区中亚热带常绿阔叶林带。其自然植被除少量藤刺灌丛和灌草丛外,均为发育在喀斯特地貌上原生性的常绿落叶阔叶混交林,是一种地带性的植被。其区系成分较为复杂,既有温带性质的科属,又有热带性质的科属。其自然植被类型主要有6种:常绿落叶阔叶混交林、针阔混交林、竹林、灌木林、藤刺灌丛和灌草丛。主要的植物群落类型有3种:①青冈栎-化香林,是分布较广的一种植被类型,广布于坡中下部至中部一带,多见于阴坡、半阴坡;②化香-黄皮林,为茂兰喀斯特森林中分布面积最大、最广的植被类型,多分布于坡中部和上部;③黄杉-华南五针松-乌冈栎林,仅分布于海拔800～1100m的山脊和山顶一带。

二、茂兰鸟类研究历史

茂兰保护区鸟类研究最早开始于1984年贵州省林业厅委托贵州农学院主持的茂兰喀斯特森林区综合考察,鸟类调查工作由陈尔瑷等负责,于当年4～5月和11月对茂兰进行了鸟类资源调查,获得标本260号,计95种,连同原有记录共103种,隶属于28科。所发现的红头咬鹃、黑眉拟啄木鸟、仙八色鸫、鹊鹂、小黑领噪鹛、栗鹀为当时贵州省的新记录。冉景承等(2003)整理前人记录及其本人历年(1990～2002年)的观察记录,共记录茂兰鸟类205种,隶属于16目46科,其中1990年、1995年两次发现秃鹫。刘佳等(2018)于2016年8～12月,在茂兰保护区内布设69台红外相机,新增灰头鸫、灰翅鸫、绿翅金鸠新记录。张强等(2013)于2010年11月在茂兰三岔河管理站周边网捕到一只中华草鹛(大草莺)。匡中帆等(2015)于2014年在茂兰板寨村调查时记录到一只灰燕鵙,为贵州省鸟类科的新记录。

三、茂兰鸟类调查结果

　　我们经过 8 年在茂兰保护区的鸟类调查，共调查到鸟类 210 种及亚种。我们又依据长期的实地调查和相关的历史调查资料，从文献中查得 48 种。本书共收录鸟类 258 种及亚种，隶属于 17 目 61 科。本书采用的分类系统是郑光美（2017）《中国鸟类分类与分布名录（第三版）》中所使用的系统。通过整理统计，除去公开发表的鸟类新记录，茂兰保护区新增鸟类新记录 42 种及亚种，其中，贵州省新记录 1 种，贵州省新亚种记录 7 种，详见表 1-1。

表1-1　茂兰保护区新增鸟类新记录

种及亚种	记录情况	种及亚种	记录情况
中华秋沙鸭 *Mergus squamatus*	保护区记录	灰胸山鹪莺 *Prinia hodgsonii confusa*	保护区新记录
红翅绿鸠 *Treron sieboldii fopingensis*	保护区新记录	白头鹎两广亚种 *Pycnonotus sinensis hainanus*	贵州省新亚种记录
短嘴金丝燕 *Aerodramus brevirostris innominatus*	保护区新记录	黑短脚鹎滇南亚种 *Hypsipetes leucocephalus concolor*	贵州省新亚种记录
红翅凤头鹃 *Clamator coromandus*	保护区新记录	冠纹柳莺 *Phylloscopus claudiae*	保护区新记录
噪鹃 *Eudynamys scolopaceus chinensis*	保护区新记录	黑眉柳莺 *Phylloscopus ricketti ricketti*	保护区新记录
红脚田鸡 *Zapornia akool coccineipes*	保护区新记录	短尾鸦雀 *Neosuthora davidiana davidiana*	贵州省新亚种记录
红胸田鸡 *Zapornia fusca erythrothorax*	保护区新记录	黑颏凤鹛 *Yuhina nigrimenta*	保护区新记录
林鹬 *Tringa glareola*	保护区新记录	灰腹绣眼鸟 *Zosterops palpebrosus joannae*	保护区新记录
黑翅鸢 *Elanus caeruleus vociferus*	保护区新记录	丝光椋鸟 *Spodiopsar sericeus*	保护区新记录
凤头蜂鹰 *Pernis ptilorhynchus orientalis*	保护区新记录	灰背燕尾 *Enicurus schistaceus*	保护区新记录
松雀鹰 *Accipiter virgatus affinis*	保护区新记录	白眉姬鹟 *Ficedula zanthopygia*	保护区新记录
大拟啄木鸟 *Psilopogon virens virens*	保护区新记录	鸲姬鹟 *Ficedula mugimaki*	贵州省新记录
蓝喉拟啄木鸟 *Psilopogon asiatica davisoni*	保护区新记录	橙胸姬鹟 *Ficedula strophiata strophiata*	保护区新记录
白眉棕啄木鸟 *Sasia ochracea kinneari*	保护区新记录	白喉林鹟 *Cyornis brunneatus brunneatus*	保护区新记录
棕腹啄木鸟 *Dendrocopos hyperythrus subrufinus*	保护区新记录	棕腹仙鹟 *Niltava sundara denotata*	保护区新记录
燕隼 *Falco subbuteo streichi*	保护区新记录	黄鹡鸰 *Motacilla tschutschensis macronyx*	贵州省新亚种记录
长尾阔嘴鸟 *Psarisomus dalhousiae dalhousiae*	保护区新记录	白鹡鸰西方亚种 *Motacilla alba dukhunensis*	贵州省新亚种记录
短嘴山椒鸟 *Pericrocotus brevirostris anthoides*	保护区新记录	白鹡鸰西南亚种 *Motacilla alba alboides*	贵州省新亚种记录
白喉扇尾鹟 *Rhipidura albicollis celas*	保护区新记录	粉红胸鹨 *Anthus roseatus*	保护区新记录
黑枕王鹟 *Hypothymis azurea styani*	保护区新记录	白眉鹀 *Emberiza tristrami*	保护区新记录
牛头伯劳 *Lanius bucephalus bucephalus*	保护区新记录	灰头鹀 *Emberiza spodocephala spodocephala*	贵州省新亚种记录

现就茂兰保护区鸟类及其居留型、区系从属、保护级别和资料来源等列表如下（表 1-2）。

表1-2　茂兰保护区鸟类调查总表

目	科	种	保护级别	中国特有种	居留型				区系从属			资料来源					
					留鸟	夏候鸟	旅鸟	冬候鸟	古北种	东洋种	广布种	a	b	c	d	e	f
I . 鸡形目 GALLIFORMES	1. 雉科 Phasianidae	（1）中华鹧鸪 *Francolinus pintadeanus*			√					√		√	√				
		（2）鹌鹑 *Coturnix japonica*			√		√			√							
		（3）棕胸竹鸡 *Bambusicola fytchii fytchii*			√					√							
		（4）灰胸竹鸡 *Bambusicola thoracicus thoracicus*		√	√					√				√	√		√
		（5）白鹇 *Lophura nycthemera rongjiangensis*	II		√					√		√	√	√	√		√
		（6）白颈长尾雉 *Syrmaticus ellioti*	I；附录 I；NT	√	√					√				√	√		
		（7）环颈雉 *Phasianus colchicus torquatus*			√				√					√	√		
		（8）红腹锦鸡 *Chrysolophus pictus*	II	√	√					√							
II . 雁形目 ANSERIFORMES	2. 鸭科 Anatidae	（9）鸳鸯 *Aix galericulata*	II		√					√							
		（10）斑嘴鸭 *Anas zonorhyncha*			√						√						
		（11）绿翅鸭 *Anas crecca crecca*						√		√							
		（12）中华秋沙鸭 *Mergus squamatus*	I；EN					√									√
III . 䴙䴘目 PODICIPEDIFORMES	3. 䴙䴘科 Podicipedidae	（13）小䴙䴘 *Tachybaptus ruficollis poggei*			√						√						
IV . 鸽形目 COLUMBIFORMES	4. 鸠鸽科 Columbidae	（14）山斑鸠 *Streptopelia orientalis orientalis*			√						√			√	√		
		（15）火斑鸠 *Streptopelia tranquebarica humilis*			√					√							
		（16）珠颈斑鸠 *Streptopelia chinensis chinensis*			√					√		√	√				
		（17）绿翅金鸠 *Chalcophaps indica indica*													√		
		（18）红翅绿鸠 *Treron sieboldii fopingensis*			√												√
V . 夜鹰目 CAPRIMULGIFORMES	5. 夜鹰科 Caprimulgidae	（19）普通夜鹰 *Caprimulgus indicus jotaka*				√				√							√
	6. 雨燕科 Apodidae	（20）短嘴金丝燕 *Aerodramus brevirostris innominatus*				√	√										√
		（21）白腰雨燕 *Apus pacificus pacificus*			√		√							√			√
		（22）小白腰雨燕 *Apus nipalensis subfurcatus*			√					√				√			√
VI . 鹃形目 CUCULIFORMES	7. 杜鹃科 Cuculidae	（23）褐翅鸦鹃 *Centropus sinensis sinensis*	II		√					√							√
		（24）小鸦鹃 *Centropus bengalensis Lignator*	II		√					√							√
		（25）红翅凤头鹃 *Clamator coromandus*				√				√							√

续表

目	科	种	保护级别	中国特有种	留鸟	夏候鸟	旅鸟	冬候鸟	古北种	东洋种	广布种	a	b	c	d	e	f
VI. 鹃形目 CUCULIFORMES	7. 杜鹃科 Cuculidae	（26）噪鹃 *Eudynamys scolopaceus chinensis*			√					√							√
		（27）翠金鹃 *Chrysococcyx maculatus*				√				√				√			
		（28）八声杜鹃 *Cacomantis merulinus querulus*				√				√				√			√
		（29）乌鹃 *Surniculus lugubris dicruroides*				√				√		√	√				√
		（30）大鹰鹃 *Hierococcyx sparverioides sparverioides*				√				√		√	√				√
		（31）棕腹杜鹃 *Hierococcyx nisicolor*				√				√		√	√				
		（32）小杜鹃 *Cuculus poliocephalus poliocephalus*				√			√								√
		（33）四声杜鹃 *Cuculus micropterus micropterus*				√						√	√	√			√
		（34）中杜鹃 *Cuculus saturatus saturatus*				√						√					
		（35）大杜鹃 *Cuculus canorus bakeri*					√						√	√			
VII. 鹤形目 GRUIFORMES	8. 秧鸡科 Rallidae	（36）白喉斑秧鸡 *Rallina eurizonoides telmatophila*			√	√				√		√	√	√			
		（37）红脚田鸡 *Zapornia akool coccineipes*			√					√							√
		（38）红胸田鸡 *Zapornia fusca erythrothorax*				√				√							√
		（39）白胸苦恶鸟 *Amaurornis phoenicurus phoenicurus*			√					√							√
		（40）董鸡 *Gallicrex cinerea*				√				√				√			√
		（41）黑水鸡 *Gallinula chloropus chloropus*			√						√			√			√
		（42）白骨顶 *Fulica atra atra*						√			√						
VIII. 鸻形目 CHARADRIIFORMES	9. 鸻科 Charadriidae	（43）长嘴剑鸻 *Charadrius placidus*			√		√		√					√			
	10. 鹬科 Scoiopacidae	（44）丘鹬 *Scolopax rusticola rusticola*						√						√	√		
		（45）针尾沙锥 *Gallinago stenura*					√						√	√			
		（46）林鹬 *Tringa glareola*					√	√									√
IX. 鹈形目 PELECANIFORMES	11. 鹭科 Ardeidae	（47）栗苇鳽 *Ixobrychus cinnamomeus*				√				√			√	√			√
		（48）绿鹭 *Butorides striata actophila*				√					√						
		（49）池鹭 *Ardeola bacchus*				√				√				√			√

续表

目	科	种	保护级别	中国特有种	居留型 留鸟	夏候鸟	旅鸟	冬候鸟	区系从属 古北种	东洋种	广布种	资料来源 a	b	c	d	e	f
IX. 鹈形目 PELECANIFORMES	11. 鹭科 Ardeidae	（50）牛背鹭 *Bubulcus ibis coromandus*															√
		（51）苍鹭 *Ardea cinerea jouyi*			√						√			√			√
		（52）白鹭 *Egretta garzetta garzetta*			√					√			√	√			√
X. 鹰形目 ACCIPITRIFORMES	12. 鹰科 Accipitridae	（53）黑翅鸢 *Elanus caeruleus vociferus*	II；附录II														√
		（54）凤头蜂鹰 *Pernis ptilorhynchus orientalis*	II；附录II				√										√
		（55）褐冠鹃隼 *Aviceda jerdoni jerdoni*	II；附录II											√			
		（56）黑冠鹃隼 *Aviceda leuphotes syama*	II；附录II		√					√				√			√
		（57）秃鹫 *Aegypius monachus*	II；附录II；NT											√			
		（58）蛇雕 *Spilornis cheela ricketti*	II；附录II		√					√				√			√
		（59）鹰雕 *Spizaetus nipalensis nipalensis*	II；附录II											√			
		（60）凤头鹰 *Accipiter trivirgatus indicus*	II；附录II		√					√				√			√
		（61）褐耳鹰 *Accipiter badius poliopsis*	II；附录II		√						√						√
		（62）赤腹鹰 *Accipiter soloensis*	II；附录II			√				√							√
		（63）松雀鹰 *Accipiter virgatus affinis*	II；附录II		√					√							√
		（64）雀鹰 *Accipiter nisus nisosimilis*	II；附录II					√						√			
		（65）白尾鹞 *Circus cyaneus cyaneus*	II；附录II					√						√			
		（66）鹊鹞 *Circus melanoleucos*	II；附录II					√						√			
		（67）黑鸢 *Milvus migrans lineatus*	II；附录II		√						√		√	√			√
		（68）灰脸鵟鹰 *Butastur indicus*	II；附录II											√			
		（69）普通鵟 *Buteo japonicus japonicus*	II；附录II					√					√	√			
XI. 鸮形目 STRIGIFORMES	13. 鸱鸮科 Strigidae	（70）领角鸮 *Otus lettia erythrocampe*	II；附录II		√						√			√			
		（71）红角鸮 *Otus sunia malayanus*	II；附录II		√				√					√			
		（72）雕鸮 *Bubo bubo kiautschensis*	II；附录II		√				√					√			
		（73）领鸺鹠 *Glaucidium brodiei brodiei*	II；附录II		√					√				√			
		（74）斑头鸺鹠 *Glaucidium cuculoides whitelyi*	II；附录II		√					√				√			
		（75）短耳鸮 *Asio flammeus flammeus*	II；附录II					√						√			
	14. 草鸮科 Tytonidae	（76）草鸮 *Tyto longimembris chinensis*	II；附录II		√					√				√			

续表

目	科	种	保护级别	中国特有种	居留型				区系从属			资料来源					
					留鸟	夏候鸟	旅鸟	冬候鸟	古北种	东洋种	广布种	a	b	c	d	e	f
XII.咬鹃目 TROGONIFORMES	15.咬鹃科 Trogonidae	(77)红头咬鹃 *Harpactes erythrocephalus yamakanensis*			√					√		√	√	√			
XIII.犀鸟目 BUCEROTIFORMES	16.戴胜科 Upupidae	(78)戴胜 *Upupa epops epops*			√						√						√
XIV.佛法僧目 CORACIIFORMES	17.蜂虎科 Meropidae	(79)蓝须蜂虎 *Nyctyornis athertoni*								√							
	18.佛法僧科 Coraciidae	(80)三宝鸟 *Eurystomus orientalis cyanicollis*				√				√							√
	19.翠鸟科 Alcedinidae	(81)白胸翡翠 *Halcyon smyrnensis fokiensis*			√					√							√
		(82)蓝翡翠 *Halcyon pileata*				√				√							√
		(83)普通翠鸟 *Alcedo atthis bengalensis*			√						√		√	√			√
XV.啄木鸟目 PICIFORMES	20.拟啄木鸟科 Capitonidae	(84)大拟啄木鸟 *Psilopogon virens virens*			√					√							√
		(85)黑眉拟啄木鸟 *Psilopogon faber sini*			√					√		√	√	√			√
		(86)蓝喉拟啄木鸟 *Psilopogon asiatica davisoni*			√					√							√
	21.啄木鸟科 Picidae	(87)蚁䴕 *Jynx torquilla torquilla*					√	√						√			√
		(88)斑姬啄木鸟 *Picumnus innominatus chinensis*			√					√							√
		(89)白眉棕啄木鸟 *Sasia ochracea kinneari*			√					√							√
		(90)棕腹啄木鸟 *Dendrocopos hyperythrus subrufinus*					√	√									√
		(91)星头啄木鸟 *Dendrocopos canicapillus nagamichii*			√					√				√			√
		(92)大斑啄木鸟 *Dendrocopos major mandarinus*			√						√			√			√
		(93)灰头绿啄木鸟 *Picus canus sordidior*			√						√						√
		(94)黄嘴栗啄木鸟 *Blythipicus pyrrhotis sinensis*			√					√							√
XVI.隼形目 FALCONIFORMES	22.隼科 Falconidae	(95)白腿小隼 *Microhierax melanoleucus*	II；附录II		√					√				√			√
		(96)红隼 *Falco tinnunculus interstinctus*	II；附录II		√					√				√			√
		(97)燕隼 *Falco subbuteo streichi*	II；附录II			√	√										√
		(98)游隼 *Falco peregrinus peregrinator*	II；附录I		√					√							√
XVII.雀形目 PASSERIFORMES	23.八色鸫科 Pittidae	(99)仙八色鸫 *Pitta nympha nympha*	II；附录II；VU			√				√		√	√	√			√
	24.阔嘴鸟科 Eurylaimidae	(100)长尾阔嘴鸟 *Psarisomus dalhousiae dalhousiae*	II														√
	25.黄鹂科 Oriolidae	(101)黑枕黄鹂 *Oriolus chinensis diffusus*				√				√							√
		(102)鹊鹂 *Oriolus mellianus*	EN	√	√					√		√	√	√			

目	科	种	保护级别	中国特有种	居留型				区系从属			资料来源					
					留鸟	夏候鸟	旅鸟	冬候鸟	古北种	东洋种	广布种	a	b	c	d	e	f
XII. 雀形目 PASSERIFORMES	26. 莺雀科 Vireonidae	（103）白腹凤鹛 *Erpornis zantholeuca griseiloris*			√					√				√			√
	27. 山椒鸟科 Campephagidae	（104）大鹃鵙 *Coracina macei rexpineti*			√					√				√			
		（105）暗灰鹃鵙 *Lalage melaschistos avensis*				√				√			√	√			
		（106）灰喉山椒鸟 *Pericrocotus solaris griseogularis*			√					√			√	√			
		（107）长尾山椒鸟 *Pericrocotus ethologus ethologus*			√					√				√			√
		（108）短嘴山椒鸟 *Pericrocotus brevirostris anthoides*				√				√							
		（109）赤红山椒鸟 *Pericrocotus flammeus fohkiensis*			√					√				√			√
	28. 燕鵙科 Artamidae	（110）灰燕鵙 *Artamus fuscus*								√						√	√
	29. 扇尾鹟科 Rhipiduridae	（111）白喉扇尾鹟 *Rhipidura albicollis celas*			√					√							√
	30. 卷尾科 Dicruridae	（112）黑卷尾 *Dicrurus macrocercus cathoecus*				√				√			√	√			
		（113）灰卷尾 *Dicrurus leucophaeus leucophaeus*				√				√			√	√			
		（114）发冠卷尾 *Dicrurus hottentottus brevirostris*				√				√				√			√
	31. 王鹟科 Monarchinae	（115）黑枕王鹟 *Hypothymis azurea styani*				√				√							√
		（116）寿带 *Terpsiphone incei*			√					√							√
	32. 伯劳科 Laniidae	（117）虎纹伯劳 *Lanius tigrinus*				√			√								√
		（118）牛头伯劳 *Lanius bucephalus bucephalus*						√									√
		（119）红尾伯劳 *Lanius cristatus cristatus*				√			√				√	√			
		（120）棕背伯劳 *Lanius schach schach*			√					√							√
	33. 鸦科 Corvidae	（121）红嘴蓝鹊 *Urocissa erythroryncha erythroryncha*			√					√			√	√	√		
		（122）灰树鹊 *Dendrocitta formosae sinica*			√					√				√	√		√
		（123）喜鹊 *Pica pica serica*			√				√					√			
		（124）大嘴乌鸦 *Corvus macrorhynchos colonorum*			√						√						√
	34. 玉鹟科 Stenostiridae	（125）方尾鹟 *Culicicapa ceylonensis calochrysea*				√				√							√
	35. 山雀科 Paridae	（126）黄腹山雀 *Periparus venustulus*		√	√					√			√	√			
		（127）大山雀 *Parus cinereus commixtus*			√						√			√	√		
		（128）黄颊山雀 *Machlolophus spilonotus rex*			√					√			√	√			

续表

目	科	种	保护级别	中国特有种	居留型				区系从属			资料来源					
					留鸟	夏候鸟	旅鸟	冬候鸟	古北种	东洋种	广布种	a	b	c	d	e	f
	36. 扇尾莺科 Cisticolidae	（129）棕扇尾莺 *Cisticola juncidis tinnabulans*			√						√			√			
		（130）黑喉山鹪莺 *Prinia atrogularis superciliaris*			√					√				√			√
		（131）灰胸山鹪莺 *Prinia hodgsonii confusa*			√					√							√
		（132）黄腹山鹪莺 *Prinia flaviventris sonitans*			√					√			√				√
		（133）纯色山鹪莺 *Prinia inornata extensicauda*			√					√				√			√
		（134）长尾缝叶莺 *Orthotomus sutorius longicauda*			√					√				√			√
	37. 鳞胸鹪鹛科 Pnoepygidae	（135）小鳞胸鹪鹛 *Pnoepyga pusilla pusilla*			√					√				√			
	38. 燕科 Hirundinidae	（136）家燕 *Hirundo rustica gutturalis*				√					√		√	√			√
		（137）烟腹毛脚燕 *Delichon dasypus*				√			√				√				√
		（138）金腰燕 *Cecropis daurica japonica*				√					√		√	√			√
XⅧ. 雀形目 PASSERIFORMES		（139）领雀嘴鹎 *Spizixos semitorques semitorques*			√					√			√			√
		（140）红耳鹎 *Pycnonotus jocosus jocosus*			√					√			√			√
		（141）黄臀鹎 *Pycnonotus xanthorrhous andersoni*			√					√			√	√			√
		（142）白头鹎 *Pycnonotus sinensis*			√					√							
		a）指名亚种 *Pycnonotus sinensis sinensis*												√			√
		b）两广亚种 *Pycnonotus sinensis hainanus*															√
	39. 鹎科 Pycnonotidae	（143）白喉红臀鹎 *Pycnonotus aurigaster latouchei*			√					√			√	√			√
		（144）白喉冠鹎 *Alophoixus pallidus henrici*			√					√				√			√
		（145）绿翅短脚鹎 *Ixos mcclellandii holtii*			√					√			√	√			√
		（146）栗背短脚鹎 *Hemixos castanonotus canipennis*			√					√			√	√			√
		（147）黑短脚鹎 *Hypsipetes leucocephalus*			√					√				√			
		a）滇南亚种 *Hypsipetes leucocephalus concolor*															√
		b）滇西亚种 *Hypsipetes leucocephalus sinensis*															√
	40. 柳莺科 Phylloscopidae	（148）褐柳莺 *Phylloscopus fuscatus fuscatus*					√							√			√
		（149）棕眉柳莺 *Phylloscopus armandii perplexus*					√										
		（150）黄腰柳莺 *Phylloscopus proregulus*						√						√			√

续表

目	科	种	保护级别	中国特有种	居留型				区系从属			资料来源					
					留鸟	夏候鸟	旅鸟	冬候鸟	古北种	东洋种	广布种	a	b	c	d	e	f
XⅡ. 雀形目 PASSERIFORMES	40. 柳莺科 Phylloscopidae	（151）黄眉柳莺 *Phylloscopus inornatus*						√					√	√			
		（152）极北柳莺 *Phylloscopus borealis*					√							√			√
		（153）冕柳莺 *Phylloscopus coronatus*					√						√	√			
		（154）冠纹柳莺 *Phylloscopus claudiae*			√					√							
		（155）黑眉柳莺 *Phylloscopus ricketti ricketti*			√					√							√
		（156）比氏鹟莺 *Seicercus valentini latouchei*			√					√			√	√			
		（157）栗头鹟莺 *Seicercus castaniceps sinensis*			√					√				√			
	41. 树莺科 Cettiidae	（158）强脚树莺 *Cettia fortipes davidiana*			√					√				√			
	42. 长尾山雀科 Aegithalidae	（159）红头长尾山雀 *Aegithalos concinnus concinnus*			√					√				√			
	43. 莺鹛科 Sylviidae	（160）棕头鸦雀 *Sinosuthora webbiana suffusa*			√						√						
		（161）短尾鸦雀 *Neosuthora davidiana davidiana*			√					√							√
		（162）灰头鸦雀 *Psittiparus gularis fokiensis*			√					√			√	√			√
		（163）点胸鸦雀 *Paradoxornis guttaticollis*			√					√							√
	44. 绣眼鸟科 Zosteropidae	（164）栗耳凤鹛 *Yuhina castaniceps torqueola*			√					√				√			
		（165）白领凤鹛 *Yuhina diademata ampelina*			√					√				√			
		（166）黑颏凤鹛 *Yuhina nigrimenta*			√					√							√
		（167）红胁绣眼鸟 *Zosterops erythropleurus*					√	√		√			√	√			
		（168）暗绿绣眼鸟 *Zosterops japonicus simplex*				√				√			√	√			
		（169）灰腹绣眼鸟 *Zosterops palpebrosus joannae*			√					√							√
	45. 林鹛科 Timaliidae	（170）华南斑胸钩嘴鹛 *Erythrogenys swinhoei abbreviatus*			√					√		√	√	√			
		（171）棕颈钩嘴鹛 *Pomatorhinus ruficollis hunanensis*			√					√				√			
		（172）红头穗鹛 *Cyanoderma ruficeps davidi*			√					√				√			
		（173）红顶鹛 *Timalia pileata smithi*			√					√				√			
	46. 幽鹛科 Pellorneidae	（174）褐胁雀鹛 *Schoeniparus dubia genestieri*			√					√				√			√
		（175）灰眶雀鹛 *Alcippe morrisonia schaefferi*			√					√				√	√		
		（176）短尾鹪鹛 *Turdinus brevicaudatus stevensi*			√					√				√			
		（177）中华草鹛 *Graminicola striatus*															√

续表

目	科	种	保护级别	中国特有种	留鸟	夏候鸟	旅鸟	冬候鸟	古北种	东洋种	广布种	a	b	c	d	e	f
XVII. 雀形目 PASSERIFORMES	47. 噪鹛科 Leiothrichidae	（178）矛纹草鹛 *Babax lanceolatus latouchei*			√					√		√	√				√
		（179）画眉 *Garrulax canorus*	附录Ⅱ		√					√		√	√				√
		（180）灰翅噪鹛 *Garrulax cineraceus cinereiceps*			√					√							√
		（181）小黑领噪鹛 *Garrulax monileger melli*			√					√		√	√	√			√
		（182）黑领噪鹛 *Garrulax pectoralis picticollis*			√					√			√	√	√		√
		（183）白颊噪鹛 *Garrulax sannio sannio*			√					√							√
		（184）红嘴相思鸟 *Leiothrix lutea lutea*	附录Ⅱ		√					√							√
	48. 䴓科 Sittidae	（185）普通䴓 *Sitta europaea sinensis*			√					√				√			
	49. 河乌科 Cinclidae	（186）褐河乌 *Cinclus pallasii pallasii*			√				√					√			√
	50. 椋鸟科 Sturnidae	（187）八哥 *Acridotheres cristatellus cristatellus*			√					√				√			√
		（188）丝光椋鸟 *Spodiopsar sericeus*			√					√				√			√
		（189）灰椋鸟 *Spodiopsar cineraceus*					√							√			
	51. 鸫科 Turdidae	（190）橙头地鸫 *Geokichla citrina melli*			√					√				√	√		√
		（191）虎斑地鸫 *Zoothera aurea aurea*					√						√	√	√		√
		（192）乌灰鸫 *Turdus cardis*			√					√					√		√
		（193）灰翅鸫 *Turdus boulboul*					√										√
		（194）乌鸫 *Turdus mandarinus mandarinus*			√						√			√			√
		（195）灰头鸫 *Turdus rubrocanus*			√					√					√		
		（196）白眉鸫 *Turdus obscurus*					√							√	√		
		（197）红尾斑鸫 *Turdus naumanni*						√									√
		（198）宝兴歌鸫 *Turdus mupinensis*		√	√					√				√			√
	52. 鹟科 Muscicapidae	（199）蓝歌鸲 *Larvivora cyane cyane*					√						√	√			
		（200）红胁蓝尾鸲 *Tarsiger cyanurus cyanurus*						√					√	√			√
		（201）蓝短翅鸫 *Brachypteryx montana sinensis*				√				√							√
		（202）鹊鸲 *Copsychus saularis prosthopellus*			√					√							√
		（203）北红尾鸲 *Phoenicurus auroreus auroreus*			√										√		√

目	科	种	保护级别	中国特有种	居留型				区系从属			资料来源					
					留鸟	夏候鸟	旅鸟	冬候鸟	古北种	东洋种	广布种	a	b	c	d	e	f
XVI. 雀形目 PASSERIFORMES	52. 鹟科 Muscicapidae	（204）红尾水鸲 *Rhyacornis fuliginosa fuliginosa*			√						√	√	√				√
		（205）白顶溪鸲 *Chaimarrornis leucocephalus*			√				√			√	√				√
		（206）紫啸鸫 *Myophonus caeruleus caeruleus*			√					√		√	√	√			√
		（207）小燕尾 *Enicurus scouleri*			√				√			√	√				√
		（208）灰背燕尾 *Enicurus schistaceus*			√					√							√
		（209）白额燕尾 *Enicurus leschenaulti sinensis*			√					√							√
		（210）黑喉石䳭 *Saxicola torquata przewalskii*			√				√			√	√				√
		（211）灰林䳭 *Saxicola ferreus haringtoni*			√					√		√	√				√
		（212）蓝矶鸫 *Monticola solitarius pandoo*			√					√				√			√
		（213）乌鹟 *Muscicapa sibirica rothschildi*				√	√					√	√				√
		（214）北灰鹟 *Muscicapa dauurica dauurica*					√		√			√	√				√
		（215）褐胸鹟 *Muscicapa muttui*				√				√							√
		（216）白眉姬鹟 *Ficedula zanthopygia*				√			√								√
		（217）鸲姬鹟 *Ficedula mugimaki*				√											√
		（218）橙胸姬鹟 *Ficedula strophiata strophiata*				√				√							√
		（219）红喉姬鹟 *Ficedula albicilla*					√		√			√	√				√
		（220）铜蓝鹟 *Eumyias thalassinus thalassinus*				√				√							√
		（221）白喉林鹟 *Cyornis brunneatus brunneatus*	VU			√				√							√
		（222）山蓝仙鹟 *Cyornis banyumas whitei*			√					√				√			√
		（223）棕腹仙鹟 *Niltava sundara denotata*			√					√							√
		（224）小仙鹟 *Niltava macgrigoriae*				√						√	√				√
	53. 太平鸟科 Bombycillidae	（225）小太平鸟 *Bombycilla japonica*	NT					√	√								√
	54. 叶鹎科 Chloropseidae	（226）橙腹叶鹎 *Chloropsis hardwickii melliana*			√					√							√
	55. 啄花鸟科 Dicaeidae	（227）纯色啄花鸟 *Dicaeum concolor olivaceum*			√					√				√			√
	56. 花蜜鸟科 Nectariniidae	（228）蓝喉太阳鸟 *Aethopyga gouldiae dabryii*			√					√							√
		（229）叉尾太阳鸟 *Aethopyga christinae latouchii*			√					√		√	√				√
	57. 梅花雀科 Estrildidae	（230）白腰文鸟 *Lonchura striata swinhoei*			√					√		√	√				√

续表

目	科	种	保护级别	中国特有种	居留型				区系从属			资料来源					
					留鸟	夏候鸟	旅鸟	冬候鸟	古北种	东洋种	广布种	a	b	c	d	e	f
XⅧ. 雀形目 PASSERIFORMES	57. 梅花雀科 Estrildidae	（231）斑文鸟 *Lonchura punctulata topela*			√					√				√			√
	58. 雀科 Passeridae	（232）山麻雀 *Passer cinnamomeus rutilans*			√						√		√	√			√
		（233）麻雀 *Passer montanus saturatus*			√						√		√				√
	59. 鹡鸰科 Motacillidae	（234）山鹡鸰 *Dendronanthus indicus*				√				√			√	√			√
		（235）黄鹡鸰 *Motacilla tschutschensis macronyx*					√										√
		（236）灰鹡鸰 *Motacilla cinerea robusta*			√					√			√				√
		（237）白鹡鸰 *Motacilla alba*									√						
		a）西方亚种 *Motacilla alba dukhunensis*			√												
		b）西南亚种 *Motacilla alba alboides*			√												
		c）普通亚种 *Motacilla alba leucopsis*			√								√				√
		（238）田鹨 *Anthus richardi*				√							√				√
		（239）树鹨 *Anthus hodgsoni hodgsoni*			√	√							√				√
		（240）粉红胸鹨 *Anthus roseatus*						√									√
	60. 燕雀科 Fringillidae	（241）普通朱雀 *Carpodacus erythrinus roseatus*			√												
		（242）金翅雀 *Chloris sinica sinica*			√					√			√				√
	61. 鹀科 Emberizidae	（243）凤头鹀 *Melophus lathami lathami*			√					√			√				√
		（244）蓝鹀 *Emberiza siemsseni*		√			√							√			√
		（245）三道眉草鹀 *Emberiza cioides castaneiceps*			√								√				√
		（246）白眉鹀 *Emberiza tristrami*						√									
		（247）栗耳鹀 *Emberiza fucata fucata*				√				√			√				√
		（248）小鹀 *Emberiza pusilla*						√									√
		（249）黄喉鹀 *Emberiza elegans elegantula*			√								√				√
		（250）栗鹀 *Emberiza rutila*					√					√	√	√			
		（251）灰头鹀 *Emberiza spodocephala spodocephala*			√					√							√

注：保护级别中，Ⅰ为国家Ⅰ级重点保护野生动物；Ⅱ为国家Ⅱ级重点保护野生动物；附录Ⅰ为《濒危野生动植物种国际贸易公约》附录Ⅰ；附录Ⅱ为《濒危野生动植物种国际贸易公约》附录Ⅱ；EN、VU、NT：《世界自然保护联盟濒危物种红色名录》中濒危、易危、近危。资料来源中，a.《贵州鸟志》（吴志康，1986）；b.《茂兰喀斯特森林科学考察集》（周政贤，1987）；c.《贵州茂兰国家级自然保护区鸟类调查》（冉景丞等，2003）；d.《利用红外相机对贵州茂兰自然保护区兽类和鸟类资源的初步调查》（刘佳等，2018）；e. 其他以单个种公开发表文献；f. 作者2011～2018年，8年监测调查记录。

第二章

茂兰鸟类
分类描述

中国茂兰鸟类

I. 鸡形目 GALLIFORMES

1. 雉科 Phasianidae

1）鹧鸪属 *Francolinus* Stephens, 1819

（1）中华鹧鸪 *Francolinus pintadeanus* (Scopoli)

别　　名　鹧鸪（《中国动物志》）、金嘎嘎
英 文 名　Chinese Francolin
形态特征　体形似山鹑，稍大。头顶黑褐色，围以红褐色；上下体大都黑色，有许多卵圆形白斑，下体斑点较大。雄性成鸟头顶、枕部和后颈前部黑褐色，羽缘黄褐色；眼上纹黑色；眼圈黑色；后颈后部、上背至胸侧均呈较深的黑褐色。雌性成鸟眼纹和颚纹常断开而不连贯；上体近黑褐色，向后转黄褐色；上背仍具白色圆斑，而下背、腰和尾上覆羽则均转为白色横斑。肩羽黑褐色；上胸黑褐色，并满布以淡黄色圆斑；下胸、腹及两胁白色沾黄色，而杂以若干黑色横斑。虹膜暗褐色；嘴峰黑色，下嘴基部同色；脚橙黄色。

生态习性　主要栖息于草丛、矮树或小松林覆盖的起伏不平的小山坡上，有时也在光秃的岩坡上，喜在干燥地区活动，清晨和日暮时下降到山谷间寻食。夜间栖于草丛中。

2）鹌鹑属 *Coturnix* Bonnaterre, 1791

（2）鹌鹑 *Coturnix japonica* Temminck *et* Schlegel, 1849

别　　名 赤喉鹑、红面鹌鹑

英 文 名 Japanese Quail

形态特征 体形似雏鸡，翅长不及120mm，尾短。腹灰白色。雄性成鸟头顶至后颈黑褐色；眼先、眼周和颊部赤褐色，耳羽近栗褐色；眉纹白色；上背浅黄褐色；下背至尾上覆羽黑褐色；颏、喉和前颈赤褐色；颏、喉中央具一黑褐色锚状斑；上胸浅黄色沾栗色；下胸至尾下覆羽灰白色沾棕色；胸侧和两胁栗褐色，杂以黑斑；尾羽黑褐色，具浅棕黄色横斑。雌性成鸟（冬羽）：背部羽色与雄鸟相似，但略浅，黑褐色较少，各羽的羽端或多或少缀以灰色；胸灰白色沾棕色；两胁褐色较多。雌性成鸟（夏羽）：羽色与雄性成鸟相似，但上体黑褐色较少，而棕黄色较多；颏、喉浅黄色；胸具左右并列的黑褐色斑点。虹膜红褐色；嘴铅灰色；跗蹠黄色。

生态习性 常栖息于近水且干燥的区域。繁殖期多成对栖于山区，迁徙期多集群。食物主要为植物，如草籽、豆类、浆果、幼芽等。

3）竹鸡属 *Bambusicola* Gould, 1862

（3）棕胸竹鸡 *Bambusicola fytchii fytchii* Anderson

别　名 棕眉竹鸡
英 文 名 Mountain Bamboo Partridge
形态特征 大小似灰胸竹鸡。身体大都为深浅不同的棕色；眼后有一粗的黑色斑纹；背、翅上有黑色羽干纹；胸栗棕色；胁、腹具粗大黑斑。雌鸟与雄鸟相似，但雌鸟眼后纹为棕色，下体黑斑较小，为数较少。
生态习性 栖息于海拔500～3000m的山坡灌丛、草丛、竹林等地，特别喜在陡峭山沟而又有水流的各种灌丛、草丛地带觅食，有时到麦田里。虽称竹鸡，但栖息不只限于竹林。它们爱鸣叫，整个繁殖季节，从早到晚都能听到它们响亮的鸣声。晚上栖于低的大树枝或竹枝上。杂食，以各种昆虫、蠕虫、蜗牛、浆果，以及大豆、小麦等各种农作物为食。

（4）灰胸竹鸡 *Bambusicola thoracicus thoracicus* (Temminck)

别　　名　普通竹鸡

英 文 名　Chinese Bamboo Partridge

形态特征　中等体型（体长33cm）红棕色，与棕胸竹鸡相似。上体棕橄榄褐色，背部杂显著的栗色斑；眉纹灰色；额、喉及胸腹前部栗棕色，向后转为棕黄色；胸具蓝灰色带斑；胁具黑褐色斑。两性相似。上背、胸侧及两胁有月牙形的大块褐斑。外侧尾羽栗色。飞行翼下有两块白斑。虹膜红褐色；嘴褐色；脚绿灰色。

生态习性　以家庭群栖居。飞行笨拙、径直。活动于干燥的矮树丛、竹林灌丛，至海拔1000m处。在繁殖期，雌雄常对鸣不已，鸣声响亮清晰。

4）鹇属 *Lophura* Fleming, 1822

（5）白鹇 *Lophura nycthemera rongjiangensis* Tan *et* Wu

别　　名　山鸡
英 文 名　Silver Pheasant
形态特征　雄鸟上体白色，而密布以黑纹；羽冠灰蓝黑色，下体也一样；尾长，大都白色。雌鸟通体橄榄褐色，枕冠近黑色。虹膜橙黄色；脸的裸出部赤红色；在繁殖期有3个肉垂，1个在眼前，1个在眼后，1个在喉侧；嘴浅角质黄色，基部稍暗；脚辉红色。

生态习性　栖于海拔1500m以下多林的山地，尤喜在山林下层的浓密竹丛间活动。白天大都隐匿不见，在晨昏外出觅食。叫声粗糙。昼间漫游，觅食、喝水都没有定向。警觉性高。食物主要为昆虫及植物种子等。

5）长尾雉属 *Syrmaticus* Wagler, 1832

（6）白颈长尾雉 *Syrmaticus ellioti* (Swinhoe)

别　　名　横纹背鸡

英 文 名　Elliot's Pheasant

形态特征　雄鸟体大（体长81cm），近褐色；头色浅；棕褐色尖长尾羽上具银灰色横斑；颈侧白色；翼上带横斑；腹部及肛周白色；黑色的颏和喉、白色的腹部为本种特征；脸颊裸皮猩红色，腰黑色，羽缘白色。雌鸟（体长45cm）头顶红褐色，枕及后颈灰色；上体其余部位杂以栗色、灰色及黑色蠹斑；喉及前颈黑色，下体余部白色上具棕黄色横斑。虹膜黄褐色；嘴黄色；脚蓝灰色。

生态习性　栖于混交林中的浓密灌丛及竹林。性机警。以小群活动。

6）雉属 *Phasianus* Linnaeus, 1758

（7）环颈雉 *Phasianus colchicus torquatus* Gmelin

别　　名　雉鸡、野鸡

英 文 名　Common Pheasant

形态特征　较家鸡略小，雄鸟体长85cm，雌鸟体长60cm。雄鸟头部具黑色光泽，有显眼的耳羽簇，宽大的眼周裸皮鲜红色；身体披金挂彩，满身点缀着发光羽毛，从墨绿色至铜色至金色；两翼灰色；尾长而尖，褐色并带黑色横纹。雌鸟色暗淡，周身密布浅褐色斑纹。被赶时迅速起飞，飞行快，声音大。我国有19个地域型亚种，亚种间体羽细部差别甚大。虹膜黄色；嘴角质色；脚略灰色。

生态习性　雄鸟单独或成小群活动，雌鸟与其雏鸟偶尔与其他鸟合群。栖于不同高度的开阔林地、灌木丛、半荒漠及农耕地。脚强健，善于奔走，受惊时多迅速逃入草丛等处隐藏，只有在急迫时才骤然起飞，飞翔有力而迅速，但不持久。

7）锦鸡属 *Chrysolophus* J. E. Gray, 1834

（8）红腹锦鸡 *Chrysolophus pictus* (Linnaeus)

别　　名　金鸡

英 文 名　Golden Pheasant

形态特征　雄鸟体型显小但修长（体长98cm），头顶、下背、腰及较短的尾上覆羽金黄色；上背浓绿色；翎领亮橙黄色而具黑色羽缘；下体红色；尾桂皮黄色满布黑色网状斑纹；翼为金属蓝色；尾长而弯曲，中央尾羽近黑色而具皮黄色点斑，其余部位黄褐色。雌鸟体型较小，为黄褐色，上体密布黑色带斑，下体淡皮黄色。虹膜黄色；嘴绿黄色；脚角质黄色。

生态习性　生活在多岩石的山坡，出没于矮树丛和竹林间。主要栖息在常绿阔叶林、常绿落叶混交林及针阔混交林中。单独或成小群活动。早晚在林中或林缘耕地中觅食。

II. 雁形目 ANSERIFORMES

2. 鸭科 Anatidae

8）栖鸭属 *Aix* Boie, 1828

（9）鸳鸯 *Aix galericulata* (Linnaeus)

别　　名　匹鸭、官鸭
英 文 名　Mandarin Duck
形态特征　体型中等（体长40cm），比绿头鸭小，但比绿
翅鸭大。雌雄异色。雄鸟羽色华丽，头顶具羽冠，眼后有
一宽而明显的白色眉纹，延长至羽冠；翅上有一对栗黄色
帆状羽明显而易于识别；非婚羽似雌鸟。雌鸟不甚艳丽，
无羽冠和帆羽，头和背褐色；体羽亮灰色；眼圈及眼后线
为雅致的白色。虹膜褐色；嘴雄鸟红色，雌鸟灰色；脚近
黄色。
生态习性　营巢于树上洞穴或河岸，活动于多林木的溪流。

9）河鸭属 *Anas* Linnaeus, 1758

（10）斑嘴鸭 *Anas zonorhyncha* Swinboe

英 文 名　Eastern Spot-billed Duck

形态特征　大小与绿头鸭相似，体长约60cm。雌雄羽色近似。上嘴黑色，端部黄色，易与其他野鸭区别。身体羽毛大多为棕褐色，有明显的白色眉斑。翼镜呈金属蓝绿色光泽，并闪紫辉。雌性成鸟很像雄鸟，上体后部较苍淡；下体自胸以下均为淡白色，而杂以暗褐色粗斑；嘴的黄端不明显。

生态习性　栖于湖泊、河流及沿海红树林和潟湖。

（11）绿翅鸭 *Anas crecca crecca* Linnaeus

别　　名　小水鸭、巴鸭

英 文 名　Green-winged Teal

形态特征　体型较小（体长37cm），翅长在200mm以下。翅具鲜明的翠绿色而有金属光泽的翼镜，在飞行时明显。雄鸟头呈深栗红色；眼后有一道翠绿色带斑伸至后颈两侧；肩羽上有一道长长的白色条纹；深色的尾下羽外缘具皮黄色斑块；其余体羽多灰色。雌鸟褐色斑驳，腹部色淡。虹膜褐色；嘴及脚灰色。

生态习性　成对或成群栖于湖泊或池塘，常与其他水禽混在一起。飞行时振翼极快。以植物性食物为主，动物性食物次之。

10）秋沙鸭属 *Mergus* Linnaeus, 1758

（12）中华秋沙鸭 *Mergus squamatus* Gould

别　名 尖嘴鸭、秋沙鸭

英文名 Scaly-sided Merganser

形态特征 体型较大，与罗纹鸭相似，稍小于绿头鸭，体长约58cm。鼻孔位于嘴峰中部。冠羽长，而成双冠状。雄鸟头和上背均黑色；下背、腰与尾上覆羽都是白色；翅有白色翼镜；下体白色，体侧有黑色鳞状斑；长而窄近红色的嘴尖端具钩；胸白色而别于红胸秋沙鸭；体侧具鳞状纹有异于普通秋沙鸭。雌鸟色暗而多灰色，与红胸秋沙鸭的区别在于体侧具同轴而灰色宽黑色窄的带状图案。虹膜褐色；嘴及脚橘黄色。

生态习性 活动于阔叶林或针阔混交林的溪流、河谷、草甸、水塘及草地等处。性机警，稍有惊动就昂首缩颈不动，随即起飞或快速游至隐蔽处。

Ⅲ. 䴙䴘目 PODICIPEDIFORMES

3. 䴙䴘科 Podicipedidae

11）小䴙䴘属 *Tachybaptus* Reichenbach, 1852

（13）小䴙䴘 *Tachybaptus ruficollis poggei* (Reichenow)

别　　名　水葫芦、油葫芦

英 文 名　Little Grebe

形态特征　体型较小（体长27cm），嘴锥形，翅短小，尾羽松散而短小；跗蹠侧扁，后缘鳞片主要呈三角形，锯齿状，趾具瓣蹼。繁殖羽：喉及前颈偏红色，头顶及颈背深灰褐色，上体褐色，下体偏灰色，具明显黄色嘴斑。非繁殖羽：上体灰褐色，下体白色。虹膜黄色；嘴黑色；脚蓝灰色，趾尖浅色。

生态习性　喜清水，有丰富水生生物的湖泊、沼泽，涨过水的稻田。通常单独或成分散小群活动。食物主要为小型鱼虾及水生昆虫等。筑浮巢繁殖。

Ⅳ.鸽形目 COLUMBIFORMES

4. 鸠鸽科 Columbidae

12）斑鸠属 *Streptopelia* Bonaparte, 1855

（14）山斑鸠 *Streptopelia orientalis orientalis* (Latham)

别　　名　灰咕咕
英 文 名　Oriental Turtle Dove
形态特征　中等体型（体长32cm），偏粉色，较珠颈斑鸠略大。上体以黑褐色为主；后颈基部两侧具羽端蓝灰色、羽基黑色的斑块；肩羽具锈红色羽缘；尾羽黑褐色，端缘灰白色。下体浅葡萄红褐色；腰灰色。与珠颈斑鸠区别在于：颈侧有带明显黑白条纹的块状斑。虹膜黄色；嘴灰色；脚粉红色。

生态习性　喜结群活动于坝区边缘的低丘、山地和靠近农耕地的地方，常在农耕地觅食散落谷物或在林中啄食果实。

（15）火斑鸠 *Streptopelia tranquebarica humilis* (Temminck)

别　　名 红鸠

英 文 名 Red Turtle Dove

形态特征 体型较小（体长23cm）。后颈部具黑色半领圈，前端白色。翅较长而尾较短。雌雄羽色不同。雄鸟头部、下背至尾蓝灰色；上体余部和胸、腹酒红色。雌鸟通体近似土褐色，体羽红色较少。虹膜褐色；嘴灰色；脚红色。

生态习性 常结群活动于开阔田野、村庄附近，喜停息在电线或大树的枯枝上。主要以农作物及植物种子为食，兼食少量昆虫。

（16）珠颈斑鸠 *Streptopelia chinensis chinensis* (Scopoli)

别　名　灰咕咕、花斑鸠
英 文 名　Spotted Dove
形态特征　中等体型，粉褐色。头部鸽灰色；上体羽几呈褐色，后颈有宽阔的黑色领圈，密布白色或渲染棕黄色的珠状点斑；外侧尾羽黑褐色，末端白色，尾羽展开时白色羽端十分显著；下体呈葡萄粉红色。虹膜橘黄色；嘴黑色；脚红色。

生态习性　常结群活动于田间及村寨附近或住家旁的大树上。经常在地面上或农田里觅食，鸣声响亮，声似"ku～ku～u～ou"，连续鸣叫多次。主要以各种农作物种子及杂草种子为食。

13）金鸠属 *Chalcophaps* Gould, 1843

（17）绿翅金鸠 *Chalcophaps indica indica* (Linnaeus)

别　　名　绿背金鸠

英 文 名　Emerald Dove

形态特征　头顶蓝灰色；上背及两翅的覆羽和内侧次级飞羽翠绿闪耀；胸紫褐色，向后渐淡。雄鸟前额和眉纹白色；头顶和后颈蓝灰色；下背和腰黑色；头侧、颈侧及喉等紫褐色，向后渐淡；下腹微带灰色；尾下覆羽灰蓝色。雌鸟前额蓝白色，无白色眉纹；头顶和后颈褐色缀黑色。

虹膜暗褐色，眼睑铅灰色；嘴珊瑚红色，基部较暗；跗蹠和趾紫红色，爪角褐色。

生态习性　常见于山地及山沟等处，单独或成对活动。受惊时立即起飞，低飞至不远处又落下。在树林中能作曲线状飞行。于地面则行走轻快，并不时发出柔和而低沉的"ge～ge～"声。食物主要为野果，也兼吃一些谷物、草籽及白蚁等。

14）绿鸠属 *Treron* Vieillot, 1816

（18）红翅绿鸠 *Treron sieboldii fopingensis* Cheng, Tan *et* Sung

别　　名　白腹楔尾绿鸠、白腹楔尾鸠

英　文　名　White-bellied Green Pigeon

形态特征　尾呈钝角的楔形；尾羽除中央一对外均具黑色次端斑。雄鸟翅上有栗色块斑；背部有时沾染栗色；额亮绿黄色；头顶棕橙色；枕、头侧及颈灰黄绿色；上体余部及内侧飞羽表面橄榄绿色；颈部沾灰色；上背沾有栗红色；额、喉亮黄色；胸浓黄色而沾棕橙色；胁具灰绿色条纹。雌鸟额、颏、喉淡黄绿色；头顶及胸部无棕橙色；背及翅上均为暗绿色；胸至上腹为比雄鸟较暗的绿色；下腹至尾下覆羽为淡黄白色。虹膜外圈紫红色，内圈蓝色；嘴灰蓝色，端部较暗；脚淡紫红色。

生态习性　常见单只或三五只成群在山区的森林或多树地带活动。常见于针阔混交林，也见于林缘的庄稼地。飞行快而直。鸣叫一般似"ku-u"的延长声，颇似小孩啼哭声。食物主要为浆果、草籽。

V. 夜鹰目 CAPRIMULGIFORMES

5. 夜鹰科 Caprimulgidae

15）夜鹰属 *Caprimulgus* Linnaeus, 1758

（19）普通夜鹰 *Caprimulgus indicus jotaka* Temminck *et* Schlegel

英 文 名 Grey Nightjar

形态特征 中等体型（体长28cm），偏灰色。雄鸟最外侧4枚初级飞羽具一道白色横斑；外侧4对尾羽具白色次端斑，喉具白斑。雌鸟最外侧4枚初级飞羽斑块棕黄色，尾羽次端斑棕黄色或缺如，无棕黄色项领，可与长尾夜鹰相

区别。虹膜褐色；嘴偏黑色；脚巧克力色。

生态习性 喜开阔的山区森林及灌丛。典型的夜鹰式飞行，白天栖于地面或横枝。为较常见的夜间活动鸟类，黄昏时尤为活跃，不断在空中捕捉昆虫。

6. 雨燕科 Apodidae

16）金丝燕属 *Aerodramus* G. R. Gray, 1840

（20）短嘴金丝燕 *Aerodramus brevirostris innominatus* Hume

别　　名　岩燕

英 文 名　Himalayan Swiftlet

形态特征　体型略小（体长14cm），近黑色。上体暗褐色，并缀以绿辉；尾略呈叉尾状；两翼长而钝；腰部颜色有异，浅褐色至偏灰色，无白斑；下体浅褐色并具色稍深的纵纹；腿略覆羽。虹膜色深；嘴及脚黑色。

生态习性　结群快速飞行于开阔的高山峰脊。用唾液粘连苔藓等营巢材料，巢置于悬崖峭壁的岩隙处。常见数十个巢集结在较近的岩壁上。在全黑条件下依靠声波定位。

17）雨燕属 *Apus* Scopoli, 1777

（21）白腰雨燕 *Apus pacificus pacificus* (Latham)

别　　名　雨燕
英 文 名　Fork-tailed Swift
形态特征　体长（18cm），较短嘴金丝燕大，而比白喉针尾雨燕小，翅长不及190mm；体羽主要呈黑褐色，腰羽白色；胸、腹部每羽具白色端缘；尾呈深叉状。两性相似。与

小白腰雨燕区别在于：体大而色淡，喉色较深，腰部白色马鞍形斑较窄，体形较细长，尾叉较深。虹膜深褐色；脚偏紫色。
生态习性　成群活动于开阔地区，常常与其他雨燕混在一起。结群在悬崖峭壁裂缝中营巢。食物以昆虫为主。

（22）小白腰雨燕 *Apus nipalensis subfurcatus* (Blyth)

别　　名　小雨燕

英 文 名　House Swift

形态特征　额、头顶、枕、后颈灰褐色；背、腰黑褐色；尾上覆羽和尾羽黑褐色，尾上覆羽后部形成一约12mm宽的大白斑；翼的羽毛外羽片为黑褐色，内羽片为灰褐色；额、喉白色；前颈、胸、腹、尾下覆羽黑褐色。虹膜暗褐色；嘴黑色；脚和趾黑褐色。

生态习性　可见于岩壁、洞穴、城镇建筑物处。活动范围较广，从村镇附近至高山密林都可见该鸟活动。雨后多见集群飞于溶洞地区上空，穿梭飞翔，有时绕圈子，动作整齐。

VI. 鹃形目 CUCULIFORMES

7. 杜鹃科 Cuculidae

18）鸦鹃属 *Centropus* Illiger, 1811

（23）褐翅鸦鹃 *Centropus sinensis sinensis* (Stephens)

别　　名　大毛鸡、毛鸡、红毛鸡
英文名　Greater Coucal
形态特征　体型略大于家鸽，翅长超过19cm；翼下覆羽黑色。成鸟除两翅及肩、肩内侧为栗色外，通体（包括翼下覆羽）黑色，头至胸有紫蓝色亮辉及亮黑色的羽轴纹，胸至腹或有绿辉；尾羽具铜绿色反光，初级飞羽及外侧次级飞羽具暗灰色羽端。冬时上体羽淡色，下体具横斑，很似幼鸟，但尾羽无横斑。虹膜赤红色（成鸟）或灰蓝色至暗褐色（幼鸟）；嘴及脚黑色。

生态习性　一般活动于低山坡、平原村边的灌木丛、竹丛、芒草丛、芦苇丛中，喜近水源的地方。多在地面活动，栖息时也会到矮树丫上，早上和黄昏常见在芦苇顶上晒太阳。单个或成对活动，不结群。善走而拙于飞行。常成对隐蔽着鸣叫，鸣声单调、深沉，似"hum hum hum hum"之音，雌鸟在繁殖期亦会发出似母鸡的"咯咯"声。主要以动物性食物为食，有昆虫、蚯蚓、甲壳类、软体动物、蜥蜴、蛇、田鼠、鸟卵、雏等。

（24）小鸦鹃 *Centropus bengalensis lignator* (F. L. Müller)

别　　名　小毛鸡

英 文 名　Lesser Coucal

形态特征　外貌似褐翅鸦鹃，但体型较小，且翼下覆羽为红褐色或栗色；头至背冬季有淡栗色羽干纹。成鸟头、颈、上背及下体黑色，具深蓝色亮辉，有时微具暗棕色横斑或狭形近白色羽端斑点；下背及尾上覆羽淡黑色，后者具蓝色亮辉；肩及其内侧与翅同为栗色，翅端及内侧次级飞羽较暗褐色，显露出淡栗色的羽干。虹膜深红色（幼鸟者黄褐色到淡苍褐色）；嘴黑色（幼鸟者角黄色，嘴基及尖端较黑）；脚铅黑色。

生态习性　栖息环境与褐翅鸦鹃相似，但数量较少，分布较窄。鸣叫声较尖而清脆，似"kroop～kroop～kroop"，有时很急促。性机警而更隐蔽，稍受惊动即奔入密丛深处，甚少见飞往树上者。食物主要为昆虫等小型动物。

19）凤头鹃属 *Clamator* Kaup, 1829

（25）红翅凤头鹃 *Clamator coromandus* (Linnaeus)

别　　名　红翅凤头郭公

英 文 名　Chestnut-winged Cuckoo

形态特征　头具长羽冠；上体黑色而有一白领环；翅栗色。成鸟头顶包括羽冠、枕部及头侧黑色而具蓝辉；后颈白色，形成一个半领环；背和肩及翼上覆羽、最内侧次级飞羽黑色而具金属绿色亮辉；自腰至近尾端黑色，具深蓝色亮辉；尾羽均具狭形白端；两翅栗色；颏至上胸淡红褐色；上胸以下至腹部白色；两胁及肛部苍褐色；尾下覆羽黑色，翼下覆羽淡红褐色；腋羽淡棕色。虹膜淡红褐色；嘴黑色，下嘴基部近淡土黄色，嘴角略呈肉红色；脚铅褐色。

生态习性　夏天常见于我国南部，一般在林木较多但较开阔的山坡、山脚或平原活动。多单独或成对活动，常活跃于较暴露的树枝间。飞行力不强，快速而不持久。鸣声尖锐清晰，有点像"ku-kuk-ku"之声，或3声或2声之反复。食物为昆虫、野果等。

20）噪鹃属 *Eudynamys* Vigors *et* Horsfield, 1826

（26）噪鹃 *Eudynamys scolopaceus chinensis* Cabanis *et* Heine

别　名 哥好雀
英 文 名 Common Koel
形态特征 体型较大（体长42cm），翅长在190mm以上，嘴、脚较一般杜鹃粗壮。跗蹠裸露无羽；尾羽基本等长。雄鸟通体亮蓝黑色。雌鸟为褐色满布白色点斑，下体并杂以横斑。虹膜红色；嘴浅绿色；脚蓝灰色。
生态习性 喜栖息于山地森林、丘陵或村边的疏林中，多隐蔽于大树顶层枝叶茂密的地方。借乌鸦、卷尾及黄鹂的巢产卵。食性比其他杜鹃杂，除觅食昆虫外，亦食各种野果。

21）金鹃属 *Chrysococcyx* F. Boie, 1826

（27）翠金鹃 *Chrysococcyx maculatus* (Gmelin)

别　　名　翠鹃

英 文 名　Asian Emerald Cuckoo

形态特征　体型较小，羽色艳丽。雄鸟上体及两翅为有金属闪光的绿色；尾羽绿色而杂以蓝色，外侧尾羽具白色羽端；下体自胸以下为白色而具辉铜绿色横斑。雌鸟上体余部及翅表辉铜绿色；尾羽色稍暗；下体白色，颏、喉处具狭形黑色横斑和宽形的、呈辉绿色的淡黑色横斑；尾下覆羽以栗色及黑色为主。虹膜淡红褐色至绯红色，眼圈绯红色；嘴亮橙黄色，尖端黑色；脚暗褐绿色。

生态习性　非繁殖期通常见于山区低处茂密的常绿林，觅食于高树顶部叶子稠密的枝杈间，不易被发现。繁殖期活动于山上灌木丛间。食物几乎全为昆虫。

22）八声杜鹃属 *Cacomantis* S. Müller, 1843

（28）八声杜鹃 *Cacomantis merulinus querulus* (Heine)

英 文 名 Plaintive Cuckoo

形态特征 成鸟头、颈及上胸灰色；背至尾上覆羽暗灰色；肩及两翅表面褐色而具青铜色反光，外侧翼上覆羽杂以白色横斑；尾淡黑色，具白色羽端；下体自下胸以下及翼下覆羽均淡棕栗色。雌鸟上体全为褐色和栗色横斑相间状；颏、喉和胸等均为淡栗色，布以褐色狭形横斑；下体余部近白色，具极狭形的暗灰色横斑。虹膜红褐色；嘴褐色（冬天）或角褐色，下嘴基部橙色（夏天）；脚苍黄色。

生态习性 每年较早出现的夏候鸟之一，3月初就可见于广东。常栖于村边、果园、公园及庭院的树上。较活跃，常不断地在枝丫间转移，鸣声尖锐似 "ka～pie" 的八声一度。食物主要为昆虫，尤以毛虫为最多。

23）乌鹃属 *Surniculus* Lesson, 1830

（29）乌鹃 *Surniculus lugubris dicruroides* (Hodgson)

别　　名　卷尾鹃
英 文 名　Drongo Cuckoo
形态特征　中等体型（体长23cm），黑色。体形与黑卷尾相似，通体为黑蓝色，尾羽略呈叉状，但最外侧一对尾羽及尾下覆羽具白色横斑，可与黑卷尾相区别。幼鸟具不规则的白色点斑。虹膜雄鸟褐色，雌鸟黄色；嘴黑色；脚蓝灰色。

生态习性　栖息于林缘及平原较稀疏的林木间，有时也停息于田坝间的电线上。飞行姿势与黑卷尾相似，一沉一浮地波浪前进，急迫时也作快速直线飞行。鸣声多为六声一度，音似"pi pi pi…"的吹箫声，有时也有"wi~whip"的声音。食物主要为毛虫及柔软昆虫，也在枝头上啄食部分野果、种子。

24）鹰鹃属 *Hierococcyx* S. Müller, 1845

（30）大鹰鹃 *Hierococcyx sparverioides sparverioides* Vigors

别　名 鹰鹃

英 文 名 Large Hawk Cuckoo

形态特征 体型较大（体长40cm），灰褐色。羽色与雀鹰略似，但嘴尖端无利钩，脚细弱而无锐爪。尾端白色；胸棕色，具白色及灰色斑纹；腹部具白色及褐色横斑而染棕色；颏黑色。亚成鸟上体褐色带棕色横斑；下体皮黄色而具近黑色纵纹。虹膜橘黄色；上嘴黑色，下嘴黄绿色；脚浅黄色。

生态习性 多单独活动于山林中的高大乔木上，有时亦见于近山平原。喜隐蔽于枝叶间鸣叫，叫声似"贵贵～阳，贵贵～阳"，先是比较温柔的低音调，随后逐渐增大，音调高亢，终日鸣叫不休，甚至夜间也可以听到它的叫声。食物以昆虫为主。

（31）棕腹杜鹃 *Hierococcyx nisicolor* (Blyth)

别　　名　棕腹鹰鹃、小鹰鹃

英 文 名　Whistling Hawk Cuckoo

形态特征　中等体型（体长28cm），青灰色。尾具黑褐色横斑；胸棕色。比鹰鹃小，与其他鹰鹃的区别在于上体青灰色，头侧灰色，无髭纹（幼鸟除外）而腹白色。枕部具白色条带，额黑色而喉偏白，尾羽具棕色狭边。虹膜红色或黄色；嘴黑色，基部及端部黄色；脚黄色。

生态习性　多单独活动于常绿阔叶林、针叶林或山地灌木林中，性隐蔽，不易被发现。喜在高树上鸣叫，叫声似"zhi～wi，zhi～wi"，声音尖锐而轻，反复鸣叫十数次方停歇一次。以昆虫，尤其是鳞翅目幼虫为主要食物，也吃少量野果。

25）杜鹃属 *Cuculus* Linnaeus, 1758

（32）小杜鹃 *Cuculus poliocephalus poliocephalus* Latham

别　　名　油炸鸡肉块块
英 文 名　Lesser Cuckoo
形态特征　体小（体长26cm），灰色。羽色与中杜鹃相似，唯体型小得多，翅长不超过170mm；翅缘多呈灰色，白斑不显著；腹部横斑较粗且较稀疏。上体灰色，头、颈及上胸浅灰色。下胸及下体余部白色具清晰的黑色横斑，臀部沾皮黄色。尾灰色，无横斑但端具白色窄边。雌鸟似雄鸟但也具棕红色的变型，全身具黑色条纹。眼圈黄色。虹膜褐色；嘴黄色，端部黑色；脚黄色。

生态习性　常单个活动于乔木林中、上层，喜隐匿于茂密的枝叶中。以昆虫为主要食物。

（33）四声杜鹃 *Cuculus micropterus micropterus* Gould

别　　名　花咕咕、光棍好过

英 文 名　Indian Cuckoo

形态特征　中等体型（体长30cm），偏灰色，体型较棕腹杜鹃略大。形态似大杜鹃，区别在于：尾灰色并具黑色次端斑，且虹膜较暗，灰色头部与深灰色的背部成对比。鸣声为四声一度，似"光棍好过"。雌鸟较雄鸟多褐色。亚成鸟头及上背具偏白的皮黄色鳞状斑纹。虹膜红褐色；眼圈黄色；上嘴黑色，下嘴偏绿色；脚黄色。

生态习性　栖息于平川树林间和山麓平原地带林间，尤其在混交林、阔叶林及疏林地带活动较多。游动性活动较多，无固定的居留地。性机警，受惊后迅速飞起。飞行速度较快，每次飞行距离亦较远。

（34）中杜鹃 *Cuculus saturatus saturatus* Blyth

英 文 名 Himalayan Cuckoo

形态特征 体型略小（体长26cm），灰色，形态与四声杜鹃甚似，但尾不具宽阔的次端斑；翅缘纯白而不具横斑。雄鸟及灰色雌鸟胸及上体灰色，尾纯黑灰色而无斑，下体皮黄色具黑色横斑。亚成鸟及棕色型雌鸟上体棕褐色且密布黑色横斑，近白色的下体具黑色横斑直至额部。棕色型雌鸟与大杜鹃雌鸟的区别在于：腰部具横斑。虹膜红褐色；眼圈黄色；嘴角质色；脚橘黄色。

生态习性 性较隐蔽而不常见，更喜栖于茂密的山地森林。鸣声似"布谷谷谷"的双连音，第一个音节的音调较高，声音响亮。食物与大杜鹃相似，嗜食毛虫。作者在梵净山记录到中杜鹃对乌嘴柳莺的巢寄生行为。

（35）大杜鹃 *Cuculus canorus bakeri* (Stresemann)

别　　名　布谷鸟

英 文 名　Common Cuckoo

形态特征　中等体型（体长32cm）。翅形尖长，翅弯处翅缘白色，具褐色横斑；尾无近端黑斑而具狭窄白端；腹部具细而密的暗褐色横斑。上体灰色；尾偏黑色；腹部近白色而具黑色横斑。棕色型雌鸟背部具黑色横斑。与四声杜鹃的区别在于：虹膜黄色，尾上无次端斑；与雌中杜鹃的区别在于：腰无横斑。幼鸟枕部有白色块斑。虹膜及眼圈黄色；上嘴深色，下嘴黄色；脚黄色。

生态习性　多单独或成对活动。在山区树林及平原的树上或电线上常可见到，不似其他杜鹃那样隐匿。鸣声为"布谷"，二声一度。

VII. 鹤形目 GRUIFORMES

8. 秧鸡科 Rallidae

26）斑秧鸡属 *Rallina* G. R. Gray, 1846

（36）白喉斑秧鸡 *Rallina eurizonoides telmatophila* (G. R. Gray)

别　　名　灰脚秧鸡

英 文 名　Slaty-legged Crake

形态特征　体型小。背橄榄褐色；头、颈和上胸红褐色；喉白色；下胸至尾下覆羽黑褐色有白色横纹；腿和脚灰绿色。两性相似。白色横纹较细，宽度不及红腿斑秧鸡。翅覆羽和飞羽橄榄褐色，翅上有白色横斑但在翅折叠时无法看见。虹膜红色至橘红色；嘴绿色，尖端暗褐色；腿和脚灰绿色。幼鸟的嘴和腿黑色。

生态习性　栖息于森林、灌丛、高草丛、溪流边水源充足的低地，也生活在水稻田、芋田。白天隐藏在草丛中，多在晨昏活动，常单独行动。行走时脚高抬，尾竖起前后摆动。食物为蠕虫、软体动物、昆虫，以及沼泽植物的嫩枝和种子。

27）田鸡属 *Zapornia* Leach, 1816

（37）红脚田鸡 *Zapornia akool coccineipes* (Slater)

别　名 红脚苦恶鸟、红脚秧鸡
英文名 Brown Crake
形态特征 上体橄榄褐色；头侧、颈侧和胸蓝灰色；颏、喉白色；腹和尾下覆羽橄榄褐色。两性相似，雌鸟稍小。虹膜红色，眼睑橘红色；嘴橄榄绿色；腿红色，爪灰

褐色。

生态习性 栖息于水边草丛及水稻田附近，常见于山区溪流及水边植物丛中。主要在晨昏到开阔处觅食或活动，胆小怕人，善于隐藏。叫声短而悲伤。杂食性，吃蠕虫、软体动物、昆虫的成虫和幼虫及沼泽植物的种子。

（38）红胸田鸡 *Zapornia fusca erythrothorax* (Temminck *et* Schlegel)

别　名　绯秧鸡

英文名　Ruddy-breasted Crake

形态特征　体型小。上体橄榄褐色；颏、喉白色；头、胸栗红色；下腹、两胁和尾下覆羽褐色，具白色横斑纹；脚橘红色。两性相似。枕、背至尾上覆羽暗橄榄褐色；飞羽及尾羽暗褐色；腹灰褐色；两胁暗橄榄灰褐色。雌鸟胸部栗红色较淡，喉白。虹膜红色；嘴暗褐色，下嘴基部带紫色；腿和脚橘红色，爪褐色。

生态习性　栖息于芦苇沼泽地、湖边、溪流、沟渠的草丛中、池塘和稻田。性胆怯，善游泳，常在晨昏活动。飞行快速。杂食性，吃软体动物、水生昆虫及其幼虫、水生植物的嫩枝和种子及稻秧等。大多在隐蔽处觅食。

28）苦恶鸟属 *Amaurornis* Reichenbach, 1852

（39）白胸苦恶鸟 *Amaurornis phoenicurus phoenicurus* (Pennant)

别　　名　白胸秧鸡

英 文 名　White-breasted Waterhen

形态特征　体型略大（体长30cm），深青灰色及白色。头顶及上体灰色；脸、额、胸及上腹部白色；下腹及尾下棕色。嘴基稍隆起，但不形成额甲。虹膜红色；嘴偏绿色，基部红色；脚黄色。

生态习性　通常单个活动，偶尔两三成群，于湿润的灌丛、湖边、河滩、红树林及旷野走动找食。多在开阔地带进食，因而较其他秧鸡类常见。

29）董鸡属 *Gallicrex* Blyth, 1849

（40）董鸡 *Gallicrex cinerea* (Gmelin, 1789)

别　　名　水鸡、鹤秧鸡
英 文 名　Watercock
形态特征　体型较大，体长30～40cm，黑色或皮黄褐色，下体具细密横纹，嘴形短。头具额甲，额甲后端尖出；趾不具侧膜缘。头、背、胸及腹灰黑色；羽缘较浅；翅上覆羽、腰黑褐色，具棕黄色条纹状宽羽缘。两性不同。雌鸟额甲黄褐色；上体黑褐色具棕黄色宽缘；下体黄褐色杂

灰褐色横纹。虹膜褐色；嘴黄绿色；脚绿色，繁殖雄鸟为红色。
生态习性　栖息于沼泽、湖泊及其周围密集的芦苇和其他水生植物丛，以及稻田等处。白天多成对或单只在浓密的植物丛中活动和觅食。活动时多行走和涉水。行走时，尾巴上翘，头一前一后地点动。

30）黑水鸡属 *Gallinula* Brisson, 1760

（41）黑水鸡 *Gallinula chloropus chloropus* (Linnaeus)

别　　名　红骨顶

英　文　名　Common Moorhen

形态特征　体型中等。额甲端部圆形。全体大致黑色；尾下覆羽两侧白色，中间黑色；胫跗关节上方具红色环带。两性相似，雌鸟稍小。虹膜红色；嘴黄绿色，基部鲜红色；胫的裸出部前方和两侧橙红色，后面暗红褐色；跗蹠前面黄绿色，后面及趾石板绿色，爪黄褐色。

生态习性　涉禽。栖息在有挺水植物的淡水湿地，水域附近的芦苇丛、灌木丛、草丛，沼泽和稻田中。喜有树木或挺水植物遮蔽的水域。不善飞翔，飞行缓慢。杂食性。

31）骨顶属 *Fulica* Linnaeus, 1758

（42）白骨顶 *Fulica atra atra* Linnaeus

别　名 骨顶鸡
英 文 名 Common Coot
形态特征 体型中等。头和颈纯黑色、辉亮，余部灰黑色，具白色额甲，端部钝圆。趾间具瓣蹼。两性相似，雌鸟额甲较小。内侧飞羽羽端白色，形成明显的白色翼斑。虹膜红褐色；嘴端部灰色，基部淡肉红色；腿、脚、趾及瓣蹼橄榄绿色，爪黑褐色。

生态习性 游禽。栖息于有水生植物的大面积静水或近海的水域，如湖泊、水库、苇塘、河坝、灌渠、河湾、沼泽地。常成群活动，在迁徙或越冬时则集成数百只的大群。善游泳，能潜水捕食小鱼和水草。杂食性，但主要以植物为食，其中以水生植物的嫩芽、叶、根、茎为主，也食昆虫、蠕虫、软体动物等。

VIII. 鸻形目 CHARADRIIFORMES

9. 鸻科 Charadriidae

32）鸻属 *Charadrius* Linnaeus, 1758

（43）长嘴剑鸻 *Charadrius placidus* J. E. Gray *et* G. R. Gray

别　　名　剑鸻
英 文 名　Long-billed Plover
形态特征　体型略大（体长22cm）而健壮，黑色、褐色及白色。额基、颏、喉白色；头顶前部黑色；上体灰褐色；第1枚初级飞羽的羽干淡褐色，近梢一段转为白色；后颈的白色领环延至前胸；下胸部具一黑色领环，余部白色。繁殖期体羽特征为具黑色的前顶横纹和全胸带，但贯眼纹灰褐色而非黑色。虹膜褐色；嘴黑色；腿及脚暗黄色。
生态习性　喜河边及沿海滩涂的多砾石地带。常见十余只在湖畔、水塘边、河岸或沙滩觅食。

10. 鹬科 Scoiopacidae

33）丘鹬属 *Scolopax* Linnaeus, 1758

（44）丘鹬 *Scolopax rusticola rusticola* Linnaeus

别　　名　老嘴弯
英 文 名　Eurasian Woodcock
形态特征　体大，长约35cm，体型较沙锥大。嘴细长而直；两眼位于头的后部，耳孔位于眼眶下方；头顶和后枕具黑色带斑；胫部全被羽。虹膜褐色；嘴基部偏粉色，端部黑色；脚粉灰色。

生态习性　夜行性的森林鸟。白天隐蔽，伏于地面，夜晚飞至开阔地进食，常见单个，偶尔成对。主要以绿色植物及植物种子为食，也食蚯蚓、泽蛙等有益动物，以及蜗牛、蚂蟥、昆虫及螺等有害动物。

34）沙锥属 *Gallinago* Brisson, 1760

（45）针尾沙锥 *Gallinago stenura* (Bonaparte)

英文名 Pintail Snipe

形态特征 体小（体长24cm）、敦实而腿短，与孤沙锥相似，但体型较小，翅长不及150mm。上体淡褐色，具白色、黄色及黑色的纵纹及蠕虫状斑纹；下体白色；胸沾赤褐色且多具黑色细斑；眼线于眼前细窄，于眼后难辨。虹膜褐色；嘴褐色，端部深色；脚偏黄色。

生态习性 在村寨附近稻田、溪畔和沼泽地带觅食。羽色与周围环境酷似，极难被发现。食物主要为昆虫及其幼虫、甲壳类动物。

35）鹬属 *Tringa* Linnaeus, 1758

（46）林鹬 *Tringa glareola* Linnaeus

别　　名　水鸰

英 文 名　Wood Sandpiper

形态特征　与白腰草鹬相像，但白色眉纹较长，从嘴基延伸至耳后。嘴短直；腿细长。上体黑褐色，密布白色或黄褐色碎斑点。下体，包括颏、喉、胸、腹白色，颈和胸部多暗褐色斑纹。翼下白色，具灰褐色斑纹。两性相似，雌性略大。成鸟（非繁殖羽）上体偏灰褐色，有白色星点；胸部灰褐色，具褐色细斑纹；胁斑弱。虹膜暗褐色；嘴端部黑色，基部黄绿色或墨绿色；腿黄色、绿色或褐绿色，爪黑色。

生态习性　多单只活动于河滩、沼泽、水库、池塘边缘，有时也见于稻田。觅食水生昆虫、蠕虫、虾，也食部分植物。

IX. 鹈形目 PELECANIFORMES

11. 鹭科 Ardeidae

36）苇鳽属 *Ixobrychus* Billberg, 1828

（47）栗苇鳽 *Ixobrychus cinnamomeus* (Gmelin)

别　　名　栗鳽、栗小鹭
英 文 名　Cinnamon Bittern
形态特征　飞羽栗红色。雄鸟上体栗红色；下体栗黄色杂以少量黑棕色羽；喉白色，有栗黄斑与黑斑相杂的纵纹；肛周及尾下覆羽白色。雌鸟头顶棕黑色；上体栗棕色；下体棕黄色，杂以黑褐色纵纹。虹膜橙黄色，眼先裸部绿黄色；嘴黄色，嘴峰黑褐色；跗蹠及趾绿褐色。

生态习性　栖息于低海拔的芦苇丛、沼泽草地及滩涂。在贵州可分布至海拔350～1000m处。常单独或少数几只在稻田中或池塘、河坝附近活动。以小鱼、蛙类和昆虫为食，兼食植物种子。

37）绿鹭属 *Butorides* Blyth, 1849

（48）绿鹭 *Butorides striata actophila* Oberholser

英 文 名　Striated Heron

形态特征　体型小。羽冠近黑色；上体暗灰绿色；下体淡灰色。雄鸟头顶墨绿色，具羽冠；颊纹黑色；喉及耳羽白色；背暗灰绿色，羽轴白色；下体两侧银灰色，中央白色；飞羽暗褐色，次级飞羽和翼上覆羽均具白色羽缘。雌鸟体色稍淡，白色部分沾棕色。虹膜柠檬黄色；嘴橄榄黑色，下嘴底部边缘角黄色；跗蹠与趾黄绿色，爪黑褐色。

生态习性　栖息于山间溪流、湖泊、滩涂及红树林中，平原地区较少见。在贵州分布于海拔350～750m处。常单个或两三只结小群活动，有时亦活动于稻田。食物主要为鱼、蛙类、螺类及昆虫等。

38）池鹭属 *Ardeola* Boie, 1822

（49）池鹭 *Ardeola bacchus* (Bonaparte)

别　　名　田螺鹭、沙鹭、花鹭鸶
英 文 名　Chinese Pond Heron
形态特征　体长约47cm，体形与绿鹭相似，嘴较跗蹠为长。翼白色。身体具褐色纵纹。成鸟（夏羽）头、颈部深栗色；背被黑色发状蓑羽；肩羽赭褐色；前胸具栗红色、黑色和赭褐色相杂的矛状长羽；余部体羽白色。幼鸟头、颈和前胸满布黄色和黑色相间的纵纹；背羽赭褐色。虹膜褐色；嘴黄色（冬季）；腿及脚绿灰色。

生态习性　栖于稻田或其他漫水地带，单独或成分散小群进食。每晚三两成群飞回群栖处，飞行时振翼缓慢，翼显短。与其他水鸟混群营巢。以青蛙、鱼、泥鳅为主要食物。

39）牛背鹭属 *Bubulcus* Bonaparte, 1855

（50）牛背鹭 *Bubulcus ibis coromandus* (Boddaert)

别　　名　黄头白鹭、畜鹭
英 文 名　Cattle Egret
形态特征　体型略小（体长50cm），白色，体形与白鹭相似。夏羽头、颈、胸和背上蓑羽橙黄色；冬羽全身羽毛白色，头顶和后颈或多或少渲染黄色。与其他鹭的区别在于：体型较粗壮，颈较短而头圆，嘴较短厚。虹膜黄色；嘴黄色；脚暗黄色至近黑色。

生态习性　与家畜及水牛关系密切，捕食家畜及水牛从草地上引来或惊起的苍蝇。傍晚小群列队低飞过有水地区回到群栖地点。

40）鹭属 *Ardea* Linnaeus, 1758

（51）苍鹭 *Ardea cinerea jouyi* Clark

别　　名　青桩、饿老鹳、干老鹳

英 文 名　Grey Heron

形态特征　体大（体长92cm），白色、灰色及黑色，为鹭类中体型最大者。嘴长而尖；颈细长；脚长。体羽主要呈青灰色。成鸟过眼纹及冠羽黑色；飞羽、翼角及两道胸斑黑色；颈具黑色纵纹，余部灰色。幼鸟的头及颈灰色较重，但无黑色。虹膜黄色；嘴黄绿色；脚偏黑色。

生态习性　停栖于树上。性孤僻，在浅水中捕食。冬季有时成大群。飞行时翼显沉重。以鱼类为主要食物。

41）白鹭属 *Egretta* Forster, 1817

（52）白鹭 *Egretta garzetta garzetta* (Linnaeus)

别　　名　白鹤、白鹭鸶
英 文 名　Little Egret
形态特征　中等体型（体长60cm），体态纤瘦而较小，全身羽毛纯白色。繁殖羽枕部着生两枚带状长羽，垂于后颈，形若双辫；背和前胸均被蓑羽。与牛背鹭的区别在于：体型较大而纤瘦，嘴及腿黑色，趾黄色，繁殖羽纯白色，颈背具细长饰羽。虹膜黄色；脸部裸露皮肤黄绿色，于繁殖期为淡粉色；嘴黑色；腿及脚黑色，趾黄色。

生态习性　主要栖息于稻田、村寨附近的乔木林和竹林。喜在稻田、河岸、沙滩、泥滩及沿海小溪流中觅食。成散群进食，常与其他种类混群。以膜翅目种类和虾、鱼、蛙等为主要食物。

X. 鹰形目 ACCIPITRIFORMES

12. 鹰科 Accipitridae

42）黑翅鸢属 *Elanus* Savigny, 1809

（53）黑翅鸢 *Elanus caeruleus vociferus* (Latham)

别　　名　灰鹞子
英 文 名　Black-winged Kite
形态特征　体型小，体长约33cm。上体蓝灰色；下体白色。眼先和眼周具黑斑；肩部亦有黑斑。飞翔时初级飞羽下面黑色，与白色的下体形成鲜明对照。尾较短，平尾，中间稍凹，呈浅叉状。嘴黑色；脚黄色。
生态习性　猛禽。白天常见停息在大树树梢或电线杆上，当有小鸟和昆虫飞过时，才突然猛冲过去扑食。飞翔的高度较低，采用盘旋、翱翔等方式。一般单独在白天活动，多在早晨和黄昏。主要以田间的鼠类、昆虫、小鸟、野兔和爬行动物等为食。

43）蜂鹰属 *Pernis* Cuvier, 1817

（54）凤头蜂鹰 *Pernis ptilorhynchus orientalis* Taczanowski

别　　名　蜂鹰

英 文 名　Oriental Honey Buzzard

形态特征　体型略大（体长58cm），深色，凤头或有或无。两亚种均有浅色型、中间色型及深色型。上体由白色至赤褐色至深褐色；下体满布点斑及横纹；尾具不规则横纹。所有型均具对比性浅色喉块，缘以浓密的黑色纵纹，并常具黑色中线。飞行时特征为：头相对小而颈显长，两翼及尾均狭长。虹膜橘黄色；嘴灰色；脚黄色；近看时眼先羽呈鳞状（为特征性）。

生态习性　见于稀疏的针叶林及针阔混交林中。单独活动，飞行灵活，边飞边叫。主要捕食蜂类。

44）鹃隼属 *Aviceda* Swainson, 1836

（55）褐冠鹃隼 *Aviceda jerdoni jerdoni* (Blyth)

别　　名　凤头老鹰
英 文 名　Jerdon's Baza
形态特征　中等体型（体长45cm），褐色。形长的冠羽常垂直竖起。上体褐色；下体白色，具黑色纵纹；胸、腹部具赤褐色横纹。与凤头鹰的区别在于：冠羽长许多，翼尖几乎长及尾尖。飞行时两翼尤其近端处甚长且宽，平尾。虹膜黄红色；嘴黑色，蜡膜浅蓝灰色；脚及腿黄色。
生态习性　从树栖处捕食，喜森林边缘，常活动于有遮盖处。

（56）黑冠鹃隼 *Aviceda leuphotes syama* (Hodgson)

别　名 凤头鹃隼、凤头老鹰

英 文 名 Black Baza

形态特征 体型略小（体长32cm），黑白色。上嘴侧缘具双齿突；上体主要呈亮黑色，后枕具长形黑色冠羽，形如辫子；肩羽白色，端部黑色；飞羽外渲染栗红色。上胸领斑白色，下胸和腹部具暗栗色横斑。两翼短圆，飞行时可见黑色衬，翼灰色而端黑色。虹膜红色；嘴角质色，蜡膜灰色；脚深灰色。

生态习性 栖息于热带和亚热带湿性常绿阔叶林中。生活在高山顶及丘陵地带。多单个或成对活动，捕食昆虫和小动物。

45）秃鹫属 *Aegypius* Savigny, 1809

（57）秃鹫 *Aegypius monachus* (Linnaeus)

别　　名　坐山雕

英 文 名　Cinereous Vulture

形态特征　体型硕大，深褐色；翅长600～887mm（郑作新，1963）。通体羽毛主要呈黑褐色；头和颈部裸露，皮肤呈铅蓝色；头顶被污褐色绒羽，皱领淡褐色近白色。幼鸟脸部近黑色；成鸟头裸出，皮黄色，喉及眼下部分黑色。两翼长而宽，具平行的翼缘，后缘明显内凹，翼尖的7枚飞羽散开呈深叉形。尾短呈楔形，头及嘴甚强劲有力。虹膜深褐色；嘴幼鸟黑色，成鸟角质色，蜡膜幼鸟粉红色，成鸟蓝色；脚灰色。

生态习性　栖息于开阔草原及耕作地区。主要以大型动物的尸体为食，偶尔攻击活的小型兽类、两栖类和家畜等（郑作新，1963）。

46）蛇雕属 *Spilornis* G. R. Gray, 1840

（58）蛇雕 *Spilornis cheela ricketti* W. L. Sclater

别　　名　蛇鹰

英 文 名　Crested Serpent Eagle

形态特征　中等体型（体长50cm），深色；翅长超过40cm。后枕部具短形冠羽；跗跖裸露，前后缘具网状鳞。成鸟头顶黑色，上体几纯暗褐色；下体淡褐色，满布暗褐色横纹；腹部具白色点斑；尾羽表面主要呈黑褐色，近端具一道宽阔的淡褐色带斑。黑白两色的冠羽短宽而蓬松，眼及嘴间裸露部分为黄色（是本种特征）。飞行时的特征为：尾部宽阔的白色横斑，翼后缘的白色。亚成鸟似成鸟，但褐色较浓，体羽多白色。虹膜黄色；嘴灰褐色；脚黄色。

生态习性　常栖于森林中有荫的大树枝上监视地面或翱翔于空中。常于森林或人工林上空盘旋，成对互相召唤。捕食蛇类及其他爬行动物，也捕食小型兽类和鸟类。

47）鹰雕属 *Spizaetus* Vieillot, 1816

（59）鹰雕 *Spizaetus nipalensis nipalensis* (Hodgson)

别　　名　高山鹰雕
英 文 名　Mountain Hawk-eagle
形态特征　体大（体长74cm），细长。腿被羽；翼甚宽；尾长而圆，具长冠羽。有深色型及浅色型。深色型：上体褐色，具黑色及白色纵纹及杂斑；尾红褐色，有几道黑色横斑；颏、喉及胸白色，具黑色的喉中线及纵纹；下腹部、大腿及尾下棕色而具白色横斑。浅色型：上体灰褐色；下体偏白色，有近黑色过眼线及髭纹。虹膜黄色至褐色；嘴偏黑色，蜡膜绿黄色；脚黄色。

生态习性　喜森林及开阔林地。从栖处或飞行中捕食。

48）鹰属 *Accipiter* Brisson, 1760

（60）凤头鹰 *Accipiter trivirgatus indicus* (Hodgson)

英 文 名　Crested Goshawk

形态特征　体大（体长42cm），具短羽冠。成年雄鸟上体灰褐色；两翼及尾具横斑；下体棕色；胸部具白色纵纹；腹部及大腿白色，具近黑色粗横斑；颈白色，有近黑色纵纹至喉，具两道黑色髭纹。亚成鸟及雌鸟似成年雄鸟，但下体纵纹及横斑均为褐色，上体褐色较淡。飞行时两翼显得比其他的同属鹰类较为短圆。虹膜褐色至成鸟的绿黄色；嘴灰色，蜡膜黄色；腿及脚黄色。

生态习性　栖于有密林覆盖处。繁殖期常在森林上空翱翔，同时发出响亮叫声。

（61）褐耳鹰 *Accipiter badius poliopsis* (Hume)

英 文 名 Shikra

形态特征 中等体型（体长33cm），色彩甚浅。上体灰褐色；耳羽褐色；下体白色；喉部具一灰色中央喉纹；胸和腹满布棕红色与白色相间的横纹；尾下覆羽纯白色。雌鸟似雄鸟，但背褐色，喉灰色较浓。亚成鸟灰褐色，具棕色鳞状纹，下体具褐色棕纹及黑色羽干纹，与雀鹰亚成鸟的区别在于下体具棕纹，与松雀鹰亚成鸟的区别在于上体色淡，尾部横纹较窄。虹膜黄色至褐色；嘴褐色；脚黄色。

生态习性 栖息于热带和亚热带湿性常绿阔叶林区。喜林缘、开阔林区及农田，时常在天空中盘旋。捕食小型动物。

（62）赤腹鹰 *Accipiter soloensis* Horsfield

英 文 名 Chinese Sparrowhawk

形态特征 中等体型（体长33cm）。下体色甚浅。成鸟上体淡蓝灰色；背部羽尖略具白色；外侧尾羽具不明显黑色横斑；下体白色；胸及两胁略沾粉色；两胁具浅灰色横纹；腿上也略具横纹。成鸟翼下特征为：除初级飞羽羽端黑色外，几乎全白。亚成鸟上体褐色；尾具深色横斑；下体白色；喉具纵纹；胸部及腿上具褐色横斑。虹膜红色或褐色；嘴灰色，端部黑色，蜡膜橘黄色；脚橘黄色。

生态习性 常栖息于阔叶林、针阔混交林的林缘地带，常停留在高大的乔木顶端。以蛙、蜥蜴、大型昆虫和小型鸟类为食。

（63）松雀鹰 *Accipiter virgatus affinis* Hodgson

别　　名 鹞鹰

英 文 名 Besra

形态特征 体型中等（体长33cm），深色。与雀鹰相似，喉部具显著的中央喉纹；似凤头鹰，但体型较小并缺少冠羽。成年雄鸟上体深灰色；尾具粗横斑；下体白色；两胁棕色且具褐色横斑；喉白色而具黑色喉中线；有黑色髭纹。雌鸟及亚成鸟两胁棕色少；下体多具红褐色横斑；背褐色；尾褐色而具深色横纹。亚成鸟胸部具纵纹。虹膜黄色；嘴黑色，蜡膜灰色；腿及脚黄色。

生态习性 栖息于山地林区。多见单个活动。捕食小动物。

（64）雀鹰 *Accipiter nisus nisosimilis* (Tickell)

英文名 Eurasian Sparrowhawk

形态特征 体型中等（雄鸟体长32cm，雌鸟体长38cm），翼短；体型较凤头鹰小。上体暗褐色；头无冠羽；颏、喉散布褐色纤细纵纹，无粗著的中央喉纹；下体满布棕褐色或棕红色波形横斑；尾具横带。脸颊棕色为识别特征。雌鸟体型较大；上体褐色；下体白色；胸、腹部及腿上具灰褐色横斑；无喉中线；脸颊棕色较少。亚成鸟与鹰属其他鹰类的亚成鸟的区别在于：胸部具褐色横斑而无纵纹。虹膜艳黄色；嘴角质色，端部黑色；脚黄色。

生态习性 喜林缘或开阔林区。常单独活动，在山地疏林或较开阔的上空飞翔。从栖处或"伏击"飞行中捕食。食物主要为小型哺乳动物及昆虫。

49）鹞属 *Circus* Lacepède, 1799

（65）白尾鹞 *Circus cyaneus cyaneus* (Linnaeus)

别　　名 鹞子、灰鹞鹰
英 文 名 Hen Harrier
形态特征 雄鸟体型略大（体长50cm），灰色或褐色，具显眼的白色腰部及黑色翼尖；体型比乌灰鹞大，也比草原鹞大且色彩较深；缺少乌灰鹞次级飞羽上的黑色横斑，黑色翼尖比草原鹞长。雌鸟褐色，与乌灰鹞的区别在于领环色浅，头部色彩平淡且翼下覆羽无赤褐色横斑；与草原鹞的区别在于深色的后翼缘延伸至翼尖，次级飞羽色浅，上胸具纵纹。幼鸟与草原鹞及乌灰鹞幼鸟的区别在于：两翼较短而宽，翼尖较圆钝。虹膜浅褐色；嘴灰色；脚黄色。
生态习性 喜开阔原野、草地及农耕地。飞行比草原鹞或乌灰鹞更显缓慢而沉重。

（66）鹊鹞 *Circus melanoleucos* (Pennant)

别　名 喜鹊鹞、鹞鹰

英 文 名 Pied Harrier

形态特征 体型略小（体长42cm）而两翼细长。雄鸟体羽黑色、白色及灰色；头、喉及胸部黑色而无纵纹。雌鸟上体褐色沾灰色并具纵纹；腰白色；尾具横斑，下体皮黄色具棕色纵纹；飞羽下面具近黑色横斑。亚成鸟上体深褐色；尾上覆羽具苍白色横带；下体栗褐色并具黄褐色纵纹。虹膜黄色；嘴角质色；脚黄色。

生态习性 在开阔原野、沼泽地带、芦苇地及稻田的上空低空滑翔。

50）鸢属 *Milvus* Lacepede, 1799

（67）黑鸢 *Milvus migrans lineatus* (J. E. Gray)

别　　名　老鹰

英　文　名　Black Kite

形态特征　体型中等（体长55cm），深褐色。飞羽基部白色，形成翅下明显斑块，飞翔时尤为显著。浅叉形尾为本种识别特征。头有时比背色浅。亚成鸟头及下体具皮黄色纵纹。虹膜棕色；嘴灰色，蜡膜黄色；脚黄色。

生态习性　栖于柱子、电线、建筑物或地面。喜开阔的乡村、城镇及村庄。优雅盘旋或作缓慢振翅飞行。在垃圾堆找食腐物。

51）鵟鹰属 *Butastur* Hodgson, 1843

（68）灰脸鵟鹰 *Butastur indicus* (Gmelin)

别　　名　老鹰

英 文 名　Grey-faced Buzzard

形态特征　雄鸟额基白色；上体暗褐色沾棕色，并具暗色纤细羽干纹；头部最暗，后颈羽基白色显露；翼上覆羽棕褐色带栗色；飞羽栗褐色；尾上覆羽白色而具暗褐色横斑；眼先白色，颊灰色；颏及喉白色，具较宽的暗褐色髭纹和喉纹；上胸栗褐色，下胸、腹及两胁白色，具暗栗褐色横斑；腋羽色与腹部的相同，但横斑较疏；尾下覆羽纯白色。虹膜黄色；嘴黑褐色，蜡膜和嘴基灰黄色；跗蹠及趾黄色，爪黑色。

生态习性　见于山地林边或空旷田野。单独飞翔觅食。

52）鵟属 *Buteo* Lacepede, 1799

（69）普通鵟 *Buteo japonicus japonicus* (Hume)

别　名 饿老鹰

英文名 Eastern Buzzard

形态特征 体型略大（体长55cm），红褐色。与大鵟相似，但体型较小；翅长不及400mm（♂）和440（♀）mm；跗蹠下部裸露，不被羽至趾基。羽色变化较大，有多种色型。脸侧皮黄色，具近红色细纹，栗色的髭纹显著；下体偏白色具棕色纵纹；两胁及大腿沾棕色。飞行时两翼宽而圆，初级飞羽基部具特征性白色块斑。尾近端处常具黑色横纹。虹膜黄色至褐色；嘴灰色，端部黑色，蜡膜黄色；脚黄色。

生态习性 在裸露树枝上歇息。喜开阔原野且在空中热气流上高高翱翔。常单个翱翔于高空中，伺机捕食野兔、鼠类、小鸟、蛇、蜥蜴和蛙类，也盗食家禽。

XI. 鸮形目 STRIGIFORMES

13. 鸱鸮科 Strigidae

53）角鸮属 *Otus* Pennant, 1769

（70）领角鸮 *Otus lettia erythrocampe* (Swinhoe)

别　　名　毛脚俫鹠

英 文 名　Collared Scops Owl

形态特征　体型小，外形和红角鸮相似，但颈基部有显著的翎领。上体羽毛灰褐色或沙褐色，并杂以暗色虫蠹纹和黑色羽干纹，前额及眉纹浅皮黄色或近白色；下体白色或皮黄色而缀以淡褐色波状横斑及黑褐色羽干纹。有些亚种披羽至趾，有的趾部裸出。颏和喉白色，上喉有一圈皱领，微沾棕色。虹膜黄色；嘴角沾绿色，先端较暗；爪角黄色，先端较暗。

生态习性　夜行性鸟类。白天大都躲藏在具浓密枝叶的树冠上，或其他阴暗的地方。夜晚常不断鸣叫。主要以鼠类、小鸟及大型昆虫为食。

（71）红角鸮 *Otus sunia malayanus* (Hay)

别　　名　普通角鸮、东方角鸮
英 文 名　Oriental Scops Owl
形态特征　体型小，体型大小与纵纹角鸮相似。头上有耳簇羽，竖起时十分显著。两性相似，上体包括两翅及尾的表面灰褐色，满布黑褐色虫蠹状细斑，头顶至背部杂以棕白色斑点；头上耳簇羽较长，羽基棕色而羽端与头顶羽色相同；尾上覆羽与背部同色，有不完整的棕色横斑；面盘灰褐色，密杂以纤细黑色斑纹；眼先白色；颏棕白色；下体余部灰白色，密杂以暗褐色纤细横斑和黑褐色更粗的羽干纹；腹部白色较多；尾下覆羽白色。虹膜黄色；嘴暗绿色，下嘴先端近黄色；趾肉灰色，爪暗角色。

生态习性　常栖息在靠近水源的河谷森林里，白天潜伏林中，不甚活动，也不鸣叫，夜间才出来活动。飞行迅速有力。食物以昆虫及其他无脊椎动物为主，两栖类、爬行类等为次，小鸟和果实等可能只是偶然取用。

54）雕鸮属 *Bubo* Dumeril, 1806

（72）雕鸮 *Bubo bubo kiautschensis* Reichenow

别　　名　猫头鹰

英 文 名　Eurasian Eagle-owl

形态特征　体型较大（体长69cm）。面盘和皱纹不甚明显；头顶两侧具明显的羽突，形似双耳；体羽大都黄褐色；上体满布黑褐色块斑；喉斑白色；胸、胁具浓密的褐色条纹；腹部及尾下覆羽具狭窄的褐色横纹；跗蹠和趾均被羽。虹膜橙黄色；嘴灰色；脚黄色。

生态习性　夜行性鸟类。栖息于居民点附近、山地森林枝叶茂密处、裸露的岩石或峭壁间隙，夜间也见于农耕地带及居民点附近的高树上。白天一般在密林中栖息，黄昏飞出，拂晓返回。

55）鸺鹠属 *Glaucidium* Boie, 1826

（73）领鸺鹠 *Glaucidium brodiei brodiei* (Burton)

别　　名　衣领小鸮
英 文 名　Collared Owlet
形态特征　纤小（体长16cm）而多横斑。羽色有褐色型和棕色型两个色型。后颈具棕黄色或皮黄色领斑；上体暗褐色具皮黄色横斑或呈棕红色而具黑褐色横斑；颏、下喉纯白色，上喉具一杂有白色点斑的暗褐色或棕红色横斑，并一直延伸至颈侧；胸与上体同色，但中央纯白色；腹部白色，具暗褐色或棕红色纵纹。眼黄色，无耳羽簇；大腿及臀白色具褐色纵纹。颈背有橘黄色和黑色的假眼。虹膜黄色；嘴角质色；脚灰色。

生态习性　见于针阔混交林和常绿阔叶林中。不怕阳光，白天也活动觅食，能在阳光下自由飞翔。晚上常整夜鸣叫。以昆虫为主要食物，有时也食鼠类及小鸟。

（74）斑头鸺鹠 *Glaucidium cuculoides whitelyi* (Blyth)

别　名 横纹小鸮

英 文 名 Asian Barred Owlet

形态特征 体小（体长24cm）而遍具棕褐色横斑，与领鸺鹠相似，但相对体型较大。后颈无领斑；上体暗褐色或棕褐色，具皮黄色或棕黄色横斑；飞羽和尾羽暗褐色，具黄白色横斑；颏白色；喉具白斑；胸部褐色或棕褐色，具黄白色横斑；腹白色，具褐色或棕褐色纵纹。无耳羽簇。虹膜黄褐色；嘴偏绿色，端部黄色；脚绿黄色。

生态习性 多栖息于耕地边和居民点的乔木树上或电线上，有时也见于竹林中。多单个活动，白天也可见到。食性较广，食物包括昆虫、蛙类、蜥蜴类、小鸟及小型哺乳动物。

56）耳鸮属 *Asio* Brisson, 1760

（75）短耳鸮 *Asio flammeus flammeus* (Pontoppidan)

别　　名　短耳猫头鹰
英 文 名　Short-eared Owl
形态特征　中等体型（体长38cm）。面盘明显；头顶两侧耳羽簇极不明显；上体棕黄色或皮黄色，具粗著的黑褐色纵纹；下体棕黄色或白色；胸部暗褐色纵纹粗著；腹部较细狭；跗蹠及趾全被羽。飞行时黑色的腕斑显而易见。虹膜黄色；嘴深灰色；脚偏白。

生态习性　平时栖息于草丛中，在平原及沼泽地带有时也可见到。能在白天活动。食物主要为鼠类，也食小鸟及昆虫。

14. 草鸮科 Tytonidae

57）草鸮属 *Tyto* Billberg, 1828

（76）草鸮 *Tyto longimembris chinensis* Hartert

别　　名　猴面鹰、东方草鸮
英 文 名　Eastern Grass Owl
形态特征　体型中等（体长35cm）。体形极似仓鸮，唯面盘呈浅灰棕红色。上体黑褐色，散布棕黄色斑块及白色细小点斑；飞羽棕黄色，具暗褐色横斑及端斑；中央尾羽棕黄色，具黑褐色横斑；下体浅棕白色或棕黄色，散布黑色细小点斑。虹膜褐色；嘴米黄色；脚略白。

生态习性　栖息于山坡草地及开旷的草原。多在黄昏或夜晚活动。主要以鼠类为食，有时也捕食麻雀及其他小鸟。

XII. 咬鹃目 TROGONIFORMES

15. 咬鹃科 Trogonidae

58）咬鹃属 *Harpactes* Swainson, 1832-1833

（77）红头咬鹃 *Harpactes erythrocephalus yamakanensis* Rickett

别　　名　红头丽鹃
英 文 名　Red-headed Trogon
形态特征　无眉纹；腹部红色。雄鸟头上部及两侧暗赤红色；背及两肩棕褐色；腰及尾上覆羽棕栗色；尾羽中央一对栗色；翼上小覆羽与背同色；初级覆羽灰黑色；翅余部黑色；颏淡黑色；喉至胸均为亮赤红色至暗赤红色。雌鸟头、颈和胸均为橄榄褐色；腹部为比雄鸟略淡的红色；翼上的白色虫蠹状纹转为淡棕色。虹膜淡黄色；嘴黑色；脚淡褐色。

生态习性　生活于热带雨林，特别是次生密林。单个或成对活动。树栖性，飞行能力较差，虽快而不远。叫声有点像支离的猫叫声，一般似"shiu"的三声断续，冲击捕虫时或惊恐时也常发出似"krak"的单噪声，但平时甚静。

XIII. 犀鸟目 BUCEROTIFORMES

16. 戴胜科 Upupidae

59）戴胜属 *Upupa* Linnaeus, 1758

（78）戴胜 *Upupa epops epops* Lönnberg

别　　名　屎咕咕
英 文 名　Common Hoopoe
形态特征　体型中等（体长30cm）。嘴细而长，并向下弯曲。体羽大都棕色，头顶具一大而明显的扇形羽冠；两翅及尾具黑白相间的条纹。虹膜褐色；嘴及脚黑色。

生态习性　性活泼，喜开阔潮湿地面。常单独或成对活动于居民点附近的荒地和田园中的地上。完全地面觅食，长长的嘴在地面翻动寻找食物。警惕时冠羽立起，起飞后松懈下来。

XIV. 佛法僧目 CORACIIFORMES

17. 蜂虎科 Meropidae

60）夜蜂虎属 *Nyctyornis* Jardine *et* Selby, 1830

（79）蓝须蜂虎 *Nyctyornis athertoni* (Jardine *et* Selby)

别　　名　夜蜂虎

英 文 名　Blue-bearded Bee-eater

形态特征　体型较大；翅长在13cm以上。胸部中央羽毛特长而色艳；尾略凸形，与翅几等长。夏羽上体自额至头顶前部辉淡蓝色；余部及头颈两侧、翅、尾表面草绿色沾蓝色；外侧飞羽具黑褐色羽端及黄色内缘；侧尾羽内翈具赭黄色的基部和黑褐色的先端；下体自颏至胸二侧与背同色；喉中央淡蓝色；前颈至上胸的中央（长形羽）转暗蓝色；自下胸以下（除尾下覆羽外）赭黄色。冬羽头顶、背、肩部及喉侧均无蓝色沾染；上体仅额部沾有蓝色。虹膜红色；嘴黑褐色；脚紫绿色，爪黑色。

生态习性　见于山地或丘陵地带草地上或山坡、沟谷、河边、村旁等林间乔木中层或树冠。常且飞且叫，叫声带沙哑，似"ko-r-r，ko-r-r"，鸣时喉、胸部的长羽显著地松开。食物全为飞虫，以蜂类为多。

18. 佛法僧科 Coraciidae

61）三宝鸟属 *Eurystomus* Vieillot, 1816

（80）三宝鸟 *Eurystomus orientalis cyanicollis* Vieillot

英文名　Dollarbird

形态特征　体型中等（体长30cm），深色。通体暗绿褐色，但喉为亮丽蓝色；头大，呈黑色；飞羽紫蓝色，具一大型浅蓝色翼斑，飞行时十分明显；尾羽黑褐色，闪紫色光泽。虹膜褐色；嘴珊瑚红色，端部黑色；脚橘黄色或红色。

生态习性　为林栖鸟类。尤其多见于林间开垦地中，栖息于近树顶的分杈上，有时也见于山麓田坝的高树上。食物主要为昆虫。

19. 翠鸟科 Alcedinidae

62）翡翠属 *Halcyon* Swainson, 1820-1821

（81）白胸翡翠 *Halcyon smyrnensis fokiensis* Laubmann *et* Gotz

英文名 White-throated Kingfisher

形态特征 成鸟头、后颈、上背棕赤色；下背、腰、尾上覆羽、尾羽亮蓝色；翼亮蓝色，但初级飞羽端部黑褐色，中部内羽片白色，飞时形成一大白斑；颏、喉、前胸和胸部中央白色；眼下、耳羽、颈的两侧、胸侧、腹、尾下覆羽棕赤色。赤栗色的头与蓝绿色的背和翼、尾等易与蓝翡翠相区别。虹膜褐色；嘴、脚珊瑚红色或赤红色。

生态习性 常见于平原和丘陵的树丛中或沼泽附近，也停息在电线上或竹林中。叫声如笛，音长而甚尖锐。不仅在水中觅食，还常在地面上觅食。食物主要为昆虫、螃蟹、蛙、蜥蜴、蠕虫等。

（82）蓝翡翠 *Halcyon pileata* (Boddaert)

英 文 名 Black-capped Kingfisher

形态特征 体大（体长30cm），蓝色、白色及黑色。头顶、颈及头侧黑色，后颈具一白色领环；上体深蓝色，翅上覆羽及飞羽端部黑色；初级飞羽基部白色或浅蓝色，飞行时显露明显的翼斑；颏、喉、胸及颈侧白色；下体余部锈红色。虹膜深褐色；嘴及脚红色。

生态习性 多见单个活动于江河、溪流、湖泊、水塘及稻田边，常停息于电线上。以鱼、虾、水生昆虫为食。

63）翠鸟属 *Alcedo* Linnaeus, 1758

（83）普通翠鸟 *Alcedo atthis bengalensis* Gmelin

别　　名 打鱼郎

英 文 名 Common Kingfisher

形态特征 体小（体长15cm），具亮蓝色及棕色。嘴直且长；耳羽棕色，颈侧有一白斑；上体蓝绿色；背部中央亮钴蓝色；颏、喉白色沾棕色；下体余部棕色。幼鸟色黯淡，具深色胸带。橘黄色条带横贯眼部及耳羽，为本种区别于蓝耳翠鸟及斑头大翠鸟的识别特征。虹膜褐色；嘴雄鸟黑色，雌鸟下颚橘黄色；脚红色。

生态习性 常见单个停息在江河、溪流、湖泊及池塘岸边的树枝及岩石上，也见于稻田边。等待食物，一见有鱼、虾等，即迅猛直扑水中，用嘴捕取。主要以小鱼、小虾、甲壳类及水生昆虫等动物性食物为食。

XV. 啄木鸟目 PICIFORMES

20. 拟啄木鸟科 Capitonidae

64）火簇拟䴕属 *Psilopogon* S. Müller, 1836

（84）大拟啄木鸟 *Psilopogon virens virens* (Boddaert)

英文名 Great Barbet

形态特征 体长约30cm。头及喉蓝绿色，翕羽暗绿褐色；上体余部绿色；上胸暗褐色，下胸及腹部中央蓝色；胸侧及腹侧暗黄绿褐色，羽缘黄绿色，形成条纹状；尾下覆羽红色。虹膜褐色；嘴浅黄色或褐色，端部黑色；脚灰色。

生态习性 喜单个栖息于阔叶乔木林中，也见于针阔混交林中，常停息在树上。鸣叫不已，叫声似"go～o，go～o"，单调而洪亮。杂食性，以种子、坚果、浆果和昆虫为食。

（85）黑眉拟啄木鸟 *Psilopogon faber sini* (Swinhoe)

别　　名 五色鸟

英 文 名 Chinese Barbet

形态特征 喉黄色；颈有一天蓝色环带，前颈颜色较浓；眼先有一红点；体羽大致为绿色。成鸟额、头顶黑色；后颈血红色；耳羽天蓝色；翕、背、腰、尾上覆羽、尾羽深绿色；最内侧次级飞羽的内羽片白色，飞时由下往上望，可见两翼各有一大白斑。下体的额和前喉金黄色；后喉天蓝色；前颈和后颈一样，为血红色；胸、腹、胁、两侧、尾下覆羽为浅绿色。虹膜暗红褐色；嘴铅黑色，上嘴基部黄色；脚暗灰色。

生态习性 丛林鸟类。单独或成群在树上活动。只作短距离飞行，不能持久。叫声如"咯咯咯"，鸣叫常是连续而洪亮。食物主要为野果，也吃少量昆虫。

（86）蓝喉拟啄木鸟 *Psilopogon asiatica davisoni* (Hume)

英 文 名 Blue-throated Barbet
形态特征 体型中等（体长20cm），绿色。顶冠前后部绯红色，中间黑色或偏蓝色；眼周、脸、喉及颈侧亮蓝色；胸侧各具一红点。虹膜褐色；嘴灰色，嘴峰黑色；脚灰色。

生态习性 常见以小群在果树，尤其是无花果树上取食。

21. 啄木鸟科 Picidae

65）蚁䴕属 *Jynx* Linnaeus, 1758

（87）蚁䴕 *Jynx torquilla torquilla* Linnaeus

英文名 Eurasian Wryneck

形态特征 体小（体长17cm）。尾羽较长。上体大都银灰色，满布黑褐色和棕白色斑纹；下体近白色或淡棕白色，具细窄的暗褐色横斑，有的腹部中央无横斑。嘴相对形短、呈圆锥形。虹膜淡褐色；嘴角质色；脚褐色。

生态习性 栖于树枝而不攀树，也不凿啄树干取食。通常单独活动。喜地上觅食，食昆虫且喜食蚂蚁。

66）姬啄木鸟属 *Picumnus* Temminck, 1825

（88）斑姬啄木鸟 *Picumnus innominatus chinensis* (Hargitt)

英文名 Speckled Piculet
形态特征 体型纤小（体长10cm）。尾羽短，中央尾羽内侧白色，形成白色纵纹；上体橄榄绿色；眉纹和颊纹白色；下体奶黄色，散布黑色斑点。雄鸟前额橘黄色。虹膜红色；嘴近黑色；脚灰色。

生态习性 栖于热带低山混合林的枯树或树枝上，尤喜竹林。觅食时持续发出轻微的叩击声。啄食树干和竹竿上的昆虫，食物以昆虫为主。

67）棕啄木鸟属 *Sasia* Hodgson, 1836

（89）白眉棕啄木鸟 *Sasia ochracea kinneari* Stresesmann

别　　名　棕啄木鸟

英 文 名　White-browed Piculet

形态特征　体型比斑姬啄木鸟小。全身为金黄色；眼上有一白色眉纹。成鸟额金黄色，头顶和枕橄榄绿色；眼上有一白色眉纹，一直延伸至颈侧；翕、背、腰、尾上覆羽颜色与额一样，但稍暗；尾羽黑色；翼黑褐色；整个下体，包括颏、喉、前颈、胸、腹、尾下覆羽和两胁为亮金黄色。虹膜红色，眼周裸露处暗红色；嘴淡黑色，先端较淡，嘴峰淡黄色；跗蹠和趾红色，爪肉色。

生态习性　常单个或成对活动于竹林、河滩或山边的芦苇等处，多在小树丛的树干上螺旋式攀缘上升，有时也与普通鸟类一样栖立于枝上。食物为蠕虫。

68）啄木鸟属 *Dendrocopos* Koch, 1816

（90）棕腹啄木鸟 *Dendrocopos hyperythrus subrufinus* (Cabanis *et* Heine)

英文名　Rufous-bellied Woodpecker

形态特征　体型中等（体长20cm），色彩浓艳。颈侧及下体纯棕色；前额、眼先和颊灰白色；背满布黑白相间的横斑；两翅黑色而具白斑，尾下覆羽红色。雄鸟顶冠及枕红色。雌鸟顶冠黑色而具白色点斑。虹膜褐色；嘴灰色，端部黑色；脚灰色。

生态习性　多单个活动于针阔混交林中。食物为昆虫。

（91）星头啄木鸟 *Dendrocopos canicapillus nagamichii* (La Touche)

英文名 Grey-capped Woodpecker

形态特征 体小（体长15cm）具黑白色条纹。头顶深灰色；后枕黑色；宽阔的白色眉纹从眼后延伸至枕侧；上体具黑白相间的横斑；下体浅棕黄色，具黑色纵纹，无红色斑块。雄鸟后枕两侧具一簇红色短羽。虹膜淡褐色；嘴灰色；脚绿灰色。

生态习性 见于阔叶林、混交林及针叶林等多种类型的森林中，有时也见于坝区或村镇边的林地及乔木上。多见单个活动，有时也成对或结小群活动。食物几全为昆虫。

（92）大斑啄木鸟 *Dendrocopos major mandarinus* (Malherbe)

别　名　斑啄木鸟
英 文 名　Great Spotted Woodpecker
形态特征　体型中等（体长24cm），黑白相间。上体黑色；肩羽白色，形成大型白斑；飞羽及外侧尾羽具白斑；前额及颊棕白色；颏、喉、胸及上腹浅棕褐色或朱古力褐色，无纵纹；胸侧具一大的黑色斑块；下腹及尾下覆羽红色。雄鸟枕部具狭窄红色带而雌鸟无。虹膜近红色；嘴及脚灰色。

生态习性　凿树洞营巢。多见单个活动于山地和平坝区的树林中。食昆虫及树皮下的蛴螬。

69）绿啄木鸟属 *Picus* Linnaeus, 1758

（93）灰头绿啄木鸟 *Picus canus sordidior* (Rippon)

别　　名 黑枕绿啄木鸟、灰头啄木鸟
英 文 名 Grey-headed Woodpecker
形态特征 体型中等（体长27cm），绿色。上体绿色；飞羽及尾羽均黑色，飞羽具白色横斑；下体橄榄绿色或灰绿色，无斑纹；头侧灰色；黑色颚纹明显。雄鸟头顶前部红色，后部及枕部灰色而具黑色条纹，在后颈形成块斑。雌鸟整个头顶及枕部均灰色，具黑色条纹。虹膜红褐色；嘴近灰色；脚蓝灰色。

生态习性 怯生谨慎。常活动于小片林地及林缘，亦见于大片林地。有时下至地面寻食蚂蚁。取食树的高度主要集中在0～4m。

70）噪啄木鸟属 *Blythipicus* Bonaparte, 1854

（94）黄嘴栗啄木鸟 *Blythipicus pyrrhotis sinensis* (Rickett)

别　　名　黄嘴噪啄木鸟

英 文 名　Bay Woodpecker

形态特征　体型略大（体长30cm）。上体棕色而具宽阔的黑色横斑，呈棕色和黑色相间的带斑状。雄鸟枕部和后颈朱红色，形成半圆形领斑。雌鸟无此红色领斑。与栗啄

木鸟的区别在于：横斑更显浓重。虹膜红褐色；嘴淡绿黄色；脚褐黑色。

生态习性　多见单个或成对活动于阔叶林中的乔木上，有时也见于枯树上。鸣叫声嘈杂且似八声杜鹃，但频率较快，音节较多。

XVI. 隼形目 FALCONIFORMES

22. 隼科 Falconidae

71）小隼属 *Microhierax* Sharpe, 1874

（95）白腿小隼 *Microhierax melanoleucus* (Blyth)

别　　名　小隼、小斑猎隼
英 文 名　Pied Falconet
形态特征　雄鸟额基白色；白色眉纹与额基相连，并向后延伸至颈两侧，且与下体相连；上体其余部分为黑色，有暗绿色金属辉亮；飞羽黑褐色；尾羽黑色；眼眶黑色；耳羽黑褐色，并与其下方颈侧的黑色斑块并成一块；两胁黑色；下体其余部分均为纯白色。虹膜栗色；嘴、跗蹠、趾及爪均为黑色。
生态习性　成群或单个栖息在山坡高大乔木树冠的顶上。食物为小型动物。

72）隼属 *Falco* Linnaeus, 1758

（96）红隼 *Falco tinnunculus interstinctus* McClelland

别　　名　茶隼

英 文 名　Common Kestrel

形态特征　体小，赤褐色。体形和羽色与黄爪隼相似，与黄爪隼的区别在于：尾呈圆形，体型较大，具髭纹。翅长235～267mm。雄鸟头顶至后颈灰色，并具黑色条纹；背羽砖红色，布有黑色粗斑；尾羽青灰色，具宽阔的黑色次端斑及棕白色端缘，外侧尾羽较中央尾羽短，呈凸尾型。雌鸟上体砖红色；头顶满布黑色纵纹；背具黑色横斑；爪黑色。雌雄鸟胸和腹均淡棕黄色，具黑色纵纹和点斑。亚成鸟似雌鸟，但纵纹较重。虹膜褐色；嘴灰色，端部黑色，蜡膜黄色；脚黄色。

生态习性　停栖在柱子或枯树上。喜开阔原野。在空中特别优雅，捕食时懒懒地盘旋或纹丝不动地停在空中。常从地面捕捉猎物。

（97）燕隼 *Falco subbuteo streichi* Hartert *et* Neumann

别　　名　青条子
英 文 名　Eurasian Hobby
形态特征　体小（体长30cm），黑白色。翼长。腿及臀棕色；上体深灰色；胸偏白色而具黑色纵纹。雌鸟体型比雄鸟大而多褐色，腿及尾下覆羽细纹较多。与猛隼的区别在于：胸偏白色。虹膜褐色；嘴灰色，蜡膜黄色；脚黄色。
生态习性　喜开阔地及有林地带，高可至海拔2000m。飞行迅速。于飞行中捕捉昆虫及鸟类。

（98）游隼 *Falco peregrinus peregrinator* Sundevall

别　　名 东方游鹰

英 文 名 Peregrine Falcon

形态特征 体大（体长45cm）而强壮，深色。成鸟头顶及脸颊近黑色或具黑色条纹；上体深灰色具黑色点斑及横纹；下体白色；胸具黑色纵纹；腹部、腿及尾下多具黑色横斑。雌鸟比雄鸟体大。亚成鸟褐色浓重，腹部具纵纹。

各亚种在深色部位上有异。虹膜黑色；嘴灰色，蜡膜黄色；腿及脚黄色。

生态习性 为世界上飞行速度最快的鸟种之一，有时作特技飞行。在悬崖上筑巢。常成对活动。飞行甚快，并从高空螺旋而下猛扑猎物。

XVII. 雀形目 PASSERIFORMES

23. 八色鸫科 Pittidae

73）八色鸫属 *Pitta* Vieillot, 1816

（99）仙八色鸫 *Pitta nympha nympha* Temminck *et* Schiegel

别　　名　蓝翅八色鸫

英 文 名　Fairy Pitta

形态特征　体型中等（体长18cm），色彩艳丽，浑圆。胸棕色；头黑色；眉纹浅褐色，背绿色；两翼亮蓝色；喉白色；臀红色。虹膜褐色；嘴偏黑色；脚淡褐色。

生态习性　喜低地灌木丛及次生林。在地面跳动，似鸫科鸟类。

24. 阔嘴鸟科 Eurylaimidae

74）阔嘴鸟属 *Psarisomus* Swainson, 1837

（100）长尾阔嘴鸟 *Psarisomus dalhousiae dalhousiae* (Jameson)

英 文 名　Long-tailed Broadbill
形态特征　嘴形宽阔而平扁。头黑色，顶部中央有一宝石亮蓝色斑块；后枕两侧各具一块鲜黄色斑。前额基线至眼先、喉部及颈侧均为亮黄色；翼镜及尾羽表面亮钻蓝色；上体亮草绿色；下体淡绿色，多少渲染淡蓝色。虹膜褐色或红褐色；嘴黄绿色；跗蹠和脚趾橄榄绿色。

生态习性　热带林栖鸟类。常见在海拔2000m以下的热带常绿阔叶林中栖息，多静栖于林下阴湿处的灌木或小树上。不善鸣和跳跃。十多只、甚至二三十只结群活动觅食。食物以昆虫和其他节肢动物为主，也吃小型脊椎动物和果实。

25. 黄鹂科 Oriolidae

75）黄鹂属 *Oriolus* Linnaeus, 1766

（101）黑枕黄鹂 *Oriolus chinensis diffusus* Sharpe

别　名 黄莺
英 文 名 Black-naped Oriole
形态特征 体型中等，黄色及黑色，体长22.4～28.7cm。通体大多为黄色，后枕部具黑色环带；翅和尾羽主要呈黑色。与细嘴黄鹂的区别在于：嘴较粗，颈背的黑带较宽。雌鸟色较暗淡，背橄榄黄色。亚成鸟背部橄榄色，下体近白色而具黑色纵纹。虹膜红色；嘴粉红色；脚近黑色。

生态习性 栖于开阔林、人工林、园林、村庄及红树林。成对或以家族为群活动。常留在树上，有时下至低处捕食昆虫。飞行呈波状，振翼幅度大，缓慢而有力。喜鸣叫，雄鸟叫声洪亮动听。

（102）鹊鹂 *Oriolus mellianus* Stresemann

别　　名　鹊色黄鹂、鹊色鹂
英 文 名　Silver Oriole
形态特征　体型中等（体长28cm），黑色及银白色。尾洋红色。雌鸟似朱鹂雌鸟，但黑色的头与灰色的背成对比，下体较白且纵纹较窄。虹膜黄色；嘴及脚灰色。

生态习性　冬季南迁或迁往较低海拔的较多落叶林处越冬。通常单独或成对活动。留在树层，有时加入混合鸟群。

26. 莺雀科 Vireonidae

76）白腹凤鹛属 *Erpornis* Hodgson, 1844

（103）白腹凤鹛 *Erpornis zantholeuca griseiloris* (Stresemann)

英 文 名　White-bellied Erpornis
形态特征　有明显的羽冠；头顶、上体、飞羽外缘和尾羽均黄绿色；尾羽边缘黄色；飞羽黑色；眼先、耳羽和下体灰白色；尾下覆羽黄色。雌雄同色。虹膜褐色；上嘴浅褐色，下嘴浅肉色；跗蹠及趾肉黄色。

生态习性　群栖，在树林中层至高层取食，常与莺类及其他种类混群。

27. 山椒鸟科 Campephagidae

77）鹃鵙属 *Coracina* Vieillot, 1816

（104）大鹃鵙 *Coracina macei rexpineti* (Swinhoe)

英 文 名　Large Cuckoo-shrike

形态特征　体大（体长28cm），灰色。脸及颏黑色。雄鸟上体及胸灰色；飞羽黑色具近白色羽缘；尾黑色，尾中线深灰色，尾端棕灰色；腹部偏白色；眼先及眼圈黑色；喉深灰色。雌鸟色较浅；下胸及两胁具灰色横斑。亚成鸟似雌鸟，但多偏褐色；下体及腰部横斑粗重。虹膜近红色；嘴及脚黑色。

生态习性　通常单独或成对活动。常停留在林间空地边缘最高树木的树顶上。

78）灰鹃鵙属 *Lalage* F. Boie, 1826

（105）暗灰鹃鵙 *Lalage melaschistos avensis* (Blyth)

英 文 名 Black-winged Cuckoo-shrike

形态特征 体型中等，体长约22.6cm。全身大多为暗灰色。雄鸟两翅和尾亮黑色；尾羽大都具白端。雌鸟两翅和尾褐黑色。幼鸟上下体均具有黑白相间的横斑。虹膜红褐色；嘴黑色；脚铅蓝色。

生态习性 栖息于阔叶林、针阔混交林、竹林和村寨边缘丛林中。在针阔混交林中，多活动于林缘或林间空地的高大乔木间，也常见在松树上觅食、单独或结群活动。不善鸣叫。

79）山椒鸟属 *Pericrocotus* Boie, 1826

（106）灰喉山椒鸟 *Pericrocotus solaris griseogularis* Gould

英 文 名 Grey-chinned Minivet

形态特征 体小，红色或黄色，体长约18cm。雄鸟头顶至上背石板黑色；下背至尾上覆羽橙红色；喉灰白色、浅灰色，或略沾红色（与其他山椒鸟不同）；下体余部橙红色；翅黑色，具红色翅斑。雌鸟头部至上背暗石板灰色；下背至尾上覆羽橄榄黄色；翅和尾与雄鸟同，但红色部分代以黄色；颊和耳羽浅灰色；喉部近白色或染以黄色；下体余部鲜黄色。红色雄鸟与其他山椒鸟的区别在于：喉及耳羽暗深灰色。黄色雌鸟与其他山椒鸟的区别在于：额、耳羽及喉少黄色。虹膜深褐色；嘴及脚黑色。

生态习性 栖息于阔叶林、针叶林和针阔混交林及茶园。一般结小群活动，繁殖季节成对活动。以昆虫等动物性食物为食。

（107）长尾山椒鸟 *Pericrocotus ethologus ethologus* Bangs *et* Phillips

英 文 名 Long-tailed Minivet

形态特征 雄鸟自头至背亮黑色；喉黑色；下背至尾上覆羽及下体赤红色；翅黑色，具朱红色翼斑；尾羽黑色。雌鸟额基和眼前上方微黄色；头顶和颈暗褐灰色或灰褐色；背沾黄绿色；腰和尾上覆羽橄榄绿黄色；翅褐黑色，具黄色翼斑；尾羽黄色；颊和耳羽灰色；颏黄白色；余下体黄色。虹膜暗褐色；嘴和脚均黑色。雌鸟与灰喉山椒鸟易混淆，区别仅在于上嘴基具模糊的暗黄色。

生态习性 栖息于多种植被类型的生境中，如阔叶林、杂木林、混交林、针叶林。杂食性。

（108）短嘴山椒鸟 *Pericrocotus brevirostris anthoides* Stresemann

英文名 Short-billed Minivet

形态特征 体型中等，黑色，体长约18cm，具红色或黄色斑纹。红色雄鸟甚艳丽，似赤红山椒鸟但体型较细小，尾较长，而后者具双叉型红色翼斑。雌鸟与灰喉山椒鸟及长尾山椒鸟的区别在于：额部呈鲜艳黄色。与赤红山椒鸟的区别在于：翼部斑纹较简单。虹膜褐色；嘴及脚黑色。

生态习性 多成对活动，在与长尾山椒鸟同时出现的地区一般比长尾山椒鸟少见。以昆虫等动物性食物为食。

（109）赤红山椒鸟 *Pericrocotus flammeus fohkiensis* Buturlin

英 文 名 Scarlet Minivet

形态特征 雄鸟整个头部、颈、背及肩羽辉蓝黑色；腰、尾上覆羽、胸部为猩红色；翅黑色；中央尾羽黑色，其余尾羽红色，具黑色羽基；翼缘和翼下覆羽橘红色。雌鸟前头和短眉纹深黄色；头顶前部转淡而沾灰色；头顶后部、背、肩羽及小覆羽污褐灰色而微沾橄榄绿色；腰、尾上覆羽橄榄黄色；翅与雄鸟同，但黄色代替红色；中央尾羽黑色，其他尾羽基部黑色；眼先灰黑色，眼后稍淡；眼上下睑鲜黄色；头、颈两侧及整个下体铬黄色，胸部浓著；体侧渲染绿色。虹膜棕色、棕红色、暗棕色或褐色；嘴及脚黑色。

生态习性 栖于海拔2100m以下山地和平原的雨林、季雨林、次生阔叶林，也见于松林、稀树草地或开垦的耕地。结群活动，繁殖季节大都成对。鸣声尖细而单调，如"spee～spee"，多在飞行时且飞且鸣，停息时甚少鸣唱。主要以昆虫为食。

28. 燕鵙科 Artamidae

80）燕鵙属 *Artamus* Vieillot, 1816

（110）灰燕鵙 *Artamus fuscus* Vieillot

英文名　Ashy Wood Swallow

形态特征　体羽暗灰色。嘴粗壮似燕嘴状。翅长而尖，翅长超越尾端。嘴基周围、前额、眼先、眼下缘羽、颏均呈绒黑色；尾上覆羽灰黑色，尾羽末端缘灰白色；翅上覆羽及初级飞羽深灰黑色；下体、颏、喉部暗灰褐色；尾下覆羽污灰白色。雌鸟与雄鸟体色相似，但色较暗淡些。虹膜红色或红褐色；嘴蓝灰色，尖端黑色；跗蹠石板蓝色或暗褐色，爪黑色。

生态习性　栖息于以棕榈科植物为主的常绿阔叶林，喜集小群或30～50只大群活动。有季节性局部迁移活动。主要在晨昏活动。飞行姿势优美，在飞行中捕捉昆虫，捕获后在树上吞食。叫声尖锐刺耳，如"chek～chek～chek～chek"或"chake～chake～chake"。觅食多在山脚空旷地区。主要以昆虫为食，包括白蚁、蛾类、花蝇等, 偶食花蜜。

29. 扇尾鹟科 Rhipiduridae

81）扇尾鹟属 *Rhipidura* Vigors *et* Horsfield, 1826

（111）白喉扇尾鹟 *Rhipidura albicollis celas* Riley

英 文 名 White-throated Fantail
形态特征 全身大都暗灰褐色；额和喉白色显著。雌雄同色。全身几乎全部为略带褐灰黑色；额和头顶近黑色；眉纹亦白色，但甚细短；额和喉均白色，延伸至颈侧而成颈环状；尾羽黑褐色，除中央尾羽外，两侧尾羽均有白色端斑。虹膜钴褐色；嘴、脚及趾均黑色。
生态习性 性活泼多动，扇形尾不停张开或上翘。

30. 卷尾科 Dicruridae

82）卷尾属 *Dicrurus* Vieillot, 1816

（112）黑卷尾 *Dicrurus macrocercus cathoecus* Swinhoe

英 文 名 Black Drongo

形态特征 体型中等，蓝黑色而具辉光，体长20～30cm。嘴小，通体黑色。尾长而呈深叉状；最外侧一对尾羽最长，端部稍向上卷曲。两性相似。亚成鸟下体下部具近白色横纹。虹膜红色；嘴及脚黑色。

生态习性 栖息于热带、亚热带地区的平原和低山丘陵地带，常单个或成对在农田和村寨附近的高大乔木、灌丛、竹林及电线上停息，或飞翔捕食昆虫。

（113）灰卷尾 *Dicrurus leucophaeus leucophaeus* (Walden)

别　　名　铁灵甲

英 文 名　Ashy Drongo

形态特征　体型中等，灰色，体长25.6～28.4cm，体形与黑卷尾相似。体羽大都灰色或灰黑色；最外侧一对尾羽最长，呈深叉状。两性相似。虹膜橙红色；嘴灰黑色；脚黑色。

生态习性　栖息于山区和平原地带的阔叶林、针叶林及针阔混交林或林缘地带，也活动于村落附近的乔木和疏林间，喜停息在高大的乔木树冠上，很少到密林及灌丛中活动。常成对或单个活动，立于林间空地的裸露树枝或藤条，捕食过往昆虫，攀高捕捉飞蛾或俯冲捕捉飞行中的猎物。食物绝大部分是昆虫。

（114）发冠卷尾 *Dicrurus hottentottus brevirostris* (Cabanis *et* Heine)

英 文 名 Hair-crested Drongo

形态特征 体型略大，体长28.3～34.8cm，体型较黑卷尾稍大。通体羽毛绒黑色，羽端缀钢蓝绿色金属光泽；额部有1束发状长形羽冠；最外侧一对尾羽的先端显著向上卷曲；尾叉不明显，几呈平尾状。两性相似。虹膜红色或白色；嘴及脚黑色。

生态习性 林栖性鸟类。栖息于热带和亚热带地区的开阔丘陵或山地的树林中。常单个或成对活动。喜森林开阔处，有时（尤其晨昏）聚集在一起鸣唱并在空中捕捉昆虫，甚吵嚷。从低栖处捕食昆虫，常与其他种类混群并跟随猴子，捕食被猴子惊起的昆虫。

31. 王鹟科 Monarchinae

83）黑枕王鹟属 *Hypothymis* Boie, 1826

（115）黑枕王鹟 *Hypothymis azurea styani* (Hartlaub)

别　　名　黑枕蓝王鹟
英 文 名　Black-naped Monarch
形态特征　体型中等（体长16cm），灰蓝色。雄鸟头、胸、背及尾蓝色；翼上多灰色；腹部近白色；羽冠短；嘴上的小块斑及狭窄的喉带黑色。雌鸟头蓝灰色；胸灰色较浓；背、翼及尾褐灰色，少雄鸟的黑色羽冠及喉带。虹膜深褐色；眼周裸露皮肤亮蓝色；嘴偏蓝色，端部黑色；脚偏蓝色。

生态习性　多栖于森林较低层，尤喜近溪流的浓密灌丛。性活泼好奇。模仿其联络叫声易引出此鸟。常与其他种类混群。

84）寿带属 *Terpsiphone* Gloger, 1827

（116）*寿带* *Terpsiphone incei* (Gould)

别　名　寿带鸟

英 文 名　Amur Paradise-flycatcher

形态特征　体长18～37.6cm。成年雄鸟中央一对尾羽特别延长，成飘带状；雌鸟中央尾羽不延长；雌雄鸟羽色相似，后枕均具羽冠。棕色型：头顶亮黑色，上体余部棕红色或栗红色；喉黑色或烟灰色；胸灰色；腹白色或沾棕色；尾下覆羽淡棕白色或浅栗红色。白色型：头顶、头侧、颏、喉呈亮黑色；余部体羽呈白色；背羽和尾羽有黑色粗著纵纹；飞羽黑色，缘以白色。虹膜褐色；眼周裸露皮肤蓝色；嘴蓝色，端部黑色；脚蓝色。

生态习性　白色的雄鸟飞行时显而易见。通常在森林较低层的栖处捕食，常与其他种类混群。食物主要为昆虫。

32. 伯劳科 Laniidae

85）伯劳属 *Lanius* Linnaeus, 1758

（117）虎纹伯劳 *Lanius tigrinus* Drapiez

别　　名　虎伯劳
英 文 名　Tiger Shrike
形态特征　体型中等，背部棕色，体长18.5cm左右。头顶至后颈灰色；前额、头侧和颈侧黑色；上体余部红褐色杂以黑色横斑。较红尾伯劳明显嘴厚、尾短而眼大。雄鸟顶冠及颈背灰色；背、两翼及尾浓栗色而多具黑色横斑；过眼线宽且黑；下体白色；两胁具褐色横斑。雌鸟似雄鸟但眼先及眉纹色浅。亚成鸟为较暗的褐色，眼纹黑色具模糊的横斑；眉纹色浅；下体皮黄色，腹部及两胁的横斑较红尾伯劳为粗。虹膜褐色；嘴蓝色，端部黑色；脚灰色。

生态习性　栖息于丘陵、平原等开阔的林地，多见停息在灌木、乔木的顶端或电线上。喜在多林地带，通常在林缘突出树枝上捕食昆虫，多藏身于林中。性凶猛，不仅捕食昆虫，有时也会袭击小鸟。

（118）牛头伯劳 *Lanius bucephalus bucephalus* Temminck *et* Schlegel

别　名　红头伯劳
英 文 名　Bull-headed Shrike
形态特征　额、头顶至上背栗色；背至尾上覆羽灰褐色；尾羽黑褐色；下体污白色，胸、胁染橙色并具显著黑褐色鳞纹。雄鸟初级飞羽基部白色，形成翅斑；眼先、眼周及耳羽黑色，形成宽阔的过眼黑纹；有白色眼上纹；颈、喉污白色，喉侧、胸、胁、腹侧及覆腿羽棕黄色；腹中部至尾下覆羽污白色；颈侧、胸及胁有细小的黑褐色鳞纹。雌鸟上体羽色似雄鸟但更沾棕褐色；白色眼上纹窄而不显著。虹膜褐色；嘴黑褐色，下嘴基部黄褐色；脚黑色。
生态习性　喜次生植被及耕地。

（119）红尾伯劳 *Lanius cristatus cristatus* Linnaeus

别　　名　褐伯劳

英 文 名　Brown Shrike

形态特征　体型中等，体长16.5～20.5cm，体型较虎纹伯劳稍大。上体大都棕褐色；腹部棕白色。成鸟前额灰色；眉纹白色；宽宽的眼罩黑色；头顶及上体褐色；下体皮黄色，无斑纹。两性相似。虹膜褐色；嘴黑色；脚灰黑色。

生态习性　单独栖于灌丛、电线及小树上。性如虎纹伯劳，喜开阔耕地及次生林，包括庭院及人工林。捕食飞行中的昆虫或猛扑地面上的昆虫等小动物。以昆虫等动物性食物为主。

（120）棕背伯劳 *Lanius schach schach* Linnaeus

英文名 Long-tailed Shrike

形态特征 体型略大而尾长，棕色、黑色及白色，体长22.6～28.6cm。头侧具宽阔的黑纹；头顶至上背灰色；肩羽、下背至尾上覆羽逐渐转为深棕色（故称之棕背伯劳）；翅和尾黑色；下体大都浅棕白色，翼有一白色斑。亚成鸟色较暗；两胁及背具横斑；头及颈背灰色较重。两性相似。虹膜褐色；嘴及脚黑色。

生态习性 是贵州最常见的一种伯劳。性凶猛，嘴、爪有力。喜草地、灌丛、茶林、丁香林及其他开阔地。立于低树枝，猛然飞出捕食飞行中的昆虫，常猛扑地面的蝗虫及甲壳虫。

33. 鸦科 Corvidae

86）蓝鹊属 *Urocissa* Cabanis, 1850

（121）红嘴蓝鹊 *Urocissa erythroryncha erythroryncha* (Boddaert)

英 文 名 Red-billed Blue Magpie
形态特征 体长且具长尾，体长60.5cm左右，体形与黄嘴蓝鹊相似。头顶至后颈具淡紫白色块斑；头颈余部和颏喉至上胸黑色；背紫蓝灰色；腹灰白色；尾长而具白色端斑和黑色次端斑。两性相似。虹膜、嘴、跗蹠及脚红色。

生态习性 栖息于丘陵和中低山区的次生阔叶林、针叶林、针阔混交林或竹林等多种类型的森林中，也见于河谷两岸的疏林、荒坡及耕地和村边的树林和竹丛。常成对或几只聚集成小群一起活动。杂食性。冬季有储藏食物的习性。

87）树鹊属 *Dendrocitta* Gould, 1833

（122）灰树鹊 *Dendrocitta formosae sinica* Strsemann

英 文 名 Grey Treepie

形态特征 体型略大，体长31.1～39.6cm。前额黑色；头顶至枕蓝灰色；背和肩羽棕褐色；翅黑色，初级飞羽具一白斑；尾羽黑色或中央尾羽部分灰色；颏、喉黑褐色；胸至腹褐灰色；尾上覆羽灰色或灰白色（可与棕腹树鹊和黑额树鹊相区别）。两性相似。虹膜红褐色；嘴黑色，基部灰色；脚深灰色。

生态习性 栖息于丘陵和山区的常绿阔叶林、次生常绿阔叶林和针阔混交林中。常成对或结成四五只的小家族群活动。叫声响亮而多变。

88）鹊属 *Pica* Brisson, 1760

（123）喜鹊 *Pica pica serica* Gould

英文名 Common Magpie

形态特征 体略小，体长36.2～49cm，具黑色的长尾呈楔形。通体体羽除两肩和腹部纯白色及初级飞羽内翈大部白色外，余部大多为亮黑色。两性相似。虹膜褐色；嘴及脚黑色。

生态习性 是村寨和城市附近常见的鸟类。常活动于平原或山区的山脚、林缘、村庄或城市周围的大树上、屋顶和耕地中，而不见于密林中。平时多成对，冬季有时也成群活动。食性杂。

89）鸦属 *Corvus* Linnaeus, 1758

（124）大嘴乌鸦 *Corvus macrorhynchos colonorum* Swinhoe

别　　名　老鸹

英 文 名　Large-billed Crow

形态特征　体大，闪光黑色，体长43.4～56cm。全身黑色；嘴形粗厚，嘴基处不光秃（与秃鼻乌鸦有别）；后颈羽毛柔软松散如发，羽干不明显；额弓高而突出（与小嘴乌鸦有别）。比渡鸦体小而尾较平。虹膜褐色；嘴及脚黑色。

生态习性　栖息于平坝、丘陵和山区的多种生境中。性喜结群，常数只到数十只一群。常在农田、耕地、河滩和人类居住地附近活动觅食。杂食性。

34. 玉鹟科 Stenostiridae

90）方尾鹟属 *Culicicapa* Swinhoe, 1871

（125）方尾鹟 *Culicicapa ceylonensis calochrysea* (Swaison)

英 文 名 Grey-headed Canary Flycatcher

形态特征 体小（体长13cm）而独具特色。头、颈、喉至上胸污灰色；前额、头顶至后枕较暗呈灰褐色；上体亮黄绿色；下胸、腹至尾下覆羽鲜黄色；翅和尾羽黑褐色，外缘黄绿色；外侧尾羽与中央尾羽等长，呈方尾型；嘴形宽扁，嘴须特多而长，几乎达至嘴端。虹膜褐色；上嘴黑色，下嘴角质色；脚黄褐色。

生态习性 多栖于森林的底层或中层。常与其他鸟混群。喧闹活跃，在树枝间跳跃，不停捕食及追逐过往昆虫。常将尾扇开。

35. 山雀科 Paridae

91）黑冠山雀属 *Periparus* Selys-Longchamps, 1884

（126）黄腹山雀 *Periparus venustulus* (Swinhoe)

英 文 名 Yellow-bellied Tit

形态特征 体小（体长10cm），尾短。头、喉和上胸黑色；颊白色；腹部黄色，与绿背山雀相似，但腹部中央无黑色纵带；翼上具两排白色点斑；嘴甚短。雄鸟头及胸兜黑色；颊斑及颈后点斑白色；上体蓝灰色；腰银白色。雌鸟头部灰色较重；喉白色，与颊斑之间有灰色的下颊纹；眉略具浅色点。幼鸟似雌鸟但色暗；上体多橄榄色。虹膜褐色；嘴近黑色；脚蓝灰色。

生态习性 常成群活动于阔叶树上，也跳跃穿梭于灌丛间，有时与大山雀等混群活动。食物以昆虫为主。

92）山雀属 *Parus* Linnaeus, 1758

（127）大山雀 *Parus cinereus commixtus* Swinhoe

英文名 Cinereous Tit

形态特征 体大（体长14cm）而结实。头辉蓝黑色；两颊具大的白斑；上体蓝灰色，上背沾黄绿色；胸、腹部白色，中央贯粗著黑色纵纹。两性相似。雄鸟胸带较宽，幼鸟胸带减为胸兜。虹膜褐色；嘴黑色；跗蹠和趾紫褐色，爪褐色。

生态习性 通常栖息于山区阔叶林、针叶林、针阔混交林、竹林及河谷耕作区的经济林中，有时也见于灌木丛间或果园内。鸣声的基调似"子伯、子伯"或"子嘿、子嘿"，易与其他鸟类区别。

93）黄山雀属 *Machlolophus* Cabanis, 1850

（128）黄颊山雀 *Machlolophus spilonotus rex* (David)

英 文 名 Yellow-cheeked Tit

形态特征 体大（体长14cm）。冠羽显著，头部具黑色及黄色斑纹。体羽余部于亚种*rex*为黑色、灰色及白色，指名亚种上背及下体沾黄色。雌鸟多绿黄色，具两道黄色的翼纹。亚成鸟下体黑色较少。虹膜褐色；嘴深灰色或黑色；脚蓝灰色。

生态习性 常光顾红树林、林园及开阔林。性活跃，多技能，时在树顶时在地面。成对或成小群。

36. 扇尾莺科 Cisticolidae

94）扇尾莺属 *Cisticola* Kaup, 1829

（129）棕扇尾莺 *Cisticola juncidis tinnabulans* (Swinhoe)

英 文 名 Zitting Cisticola

形态特征 体型小，大小似柳莺（体长9～11cm）。上体具黑色纵纹；尾羽有白色端和黑色次端斑；下体白色沾棕色。雌雄相似。额、头顶、枕棕栗色，枕部具短粗的褐色羽轴纹；后颈栗棕色；上背、肩黑褐色；下背、腰、尾上覆羽深棕色；翅上覆羽和三级飞羽黑色；初级和次级飞羽暗褐色；中央尾羽暗褐色；外侧尾羽暗褐色；眉纹棕白色，眼先暗褐色。虹膜红褐色；上嘴红黑色，嘴缘淡红色，下嘴粉红色；跗蹠肉色，稍染淡红色。

生态习性 栖于开阔草地、稻田及甘蔗地，一般较金头扇尾莺更喜湿润地区。求偶飞行时雄鸟在其配偶上空作振翼停空并盘旋鸣叫。

95）鹪莺属 *Prinia* Horsfield, 1821

（130）黑喉山鹪莺 *Prinia atrogularis superciliaris* (Anderson)

别　名　黑喉鹪莺
英 文 名　Black-throated Prinia
形态特征　体长13～19.5cm。尾羽修长；上体无纵纹，呈纯橄榄褐色；头顶多渲染褐色；眉纹白色；头部两侧灰褐色；下体淡棕白色；两胁棕褐色；下喉至胸斑杂黑色斑纹。两性相似。虹膜灰褐色；上嘴暗褐色，下嘴黄褐色；跗蹠和趾、爪黄褐色。

生态习性　结活跃喧闹的家族群生活于低山及山区森林的草丛和低矮植被下。响而刺耳的"cho-ee，cho-ee，cho-ee"声似长尾缝叶莺但节拍较慢。

（131）灰胸山鹪莺 *Prinia hodgsonii confusa* Deignan

别　名 灰胸鹪莺

英文名 Grey-breasted Prinia

形态特征 体长10.4～11.9cm，体型较小。夏羽上体烟灰褐色，头顶较暗；两翅和尾羽表面浅棕褐色；下体白色；胸部具明显的灰色带斑；外侧尾羽端缘污白色，次端斑黑褐色。冬羽上体棕褐色；下体污白色；胸部的灰色带斑不明显。两性相似。冬羽整个上体棕褐色，头顶稍暗；眼先上方具短小的淡棕白色眉纹；下体污白色；胸部淡灰色；两胁和尾下覆羽多沾棕黄色；余部与夏羽相似。虹膜淡褐色；嘴黑色；跗蹠和趾肉褐色，爪褐色。

生态习性 习性似暗冕鹪莺，但喜较干燥的栖息环境。冬季结群。惧生且藏匿不露。

（132）黄腹山鹪莺 *Prinia flaviventris sonitans* Swinhoe

别　　名　黄腹鹪莺

英 文 名　Yellow-bellied Prinia

形态特征　体型略大而尾长，体长11.6～13.4cm。前额至头顶灰褐色；上体余部橄榄褐色；眉纹淡棕白色；颏、喉至上胸乳白色；腹部黄色；胁和尾下腹羽浅皮黄色；尾羽亮黄褐色，隐现暗褐色横纹。繁殖期尾较短，雄鸟上背近黑色较多（雌鸟炭黑色）；冬季上背粉灰色。两性相似。虹膜浅褐色；上嘴黑色至褐色，下嘴浅色；脚橘黄色。

生态习性　栖于芦苇沼泽、高草地及灌丛。其惧生，藏匿于高草或芦苇中，仅在鸣叫时栖于高秆。扑翼时发出清脆声响。

（133）纯色山鹪莺 *Prinia inornata extensicauda* (Swinhoe)

别　　名　褐头鹪莺、纯色鹪莺

英 文 名　Plain Prinia

形态特征　体长11.1～15.2cm。夏羽上体褐灰色微沾棕色，头顶较暗；眉纹纤细呈淡棕白色；下体淡棕白色，胁、覆腿羽和尾下覆羽沾棕色；尾羽灰褐色，端缘微白色，次端斑黑褐色。冬羽上体暗棕褐色；头顶隐现暗褐色羽干纹；下体橙棕色；颏、喉稍浅淡；尾羽较长，表面棕褐色，尖端较淡，有的黑褐色次端斑不明显。上嘴暗褐色，下嘴黄褐色。两性相似。

生态习性　栖息于热带和亚热带低山丘陵和河谷、平原地区的稀树灌丛、草丛、田园耕地和居民园林等生境中。繁殖季节多见成对或单个活动，冬季十多只结群活动。

96）缝叶莺属 *Orthotomus* Horsfield, 1821

（134）长尾缝叶莺 *Orthotomus sutorius longicauda* (Gmelin)

英文名 Common Tailorbird

形态特征 体长10～14.5cm。前额棕红色；头顶至后枕棕红色沾橄榄绿色；上体余部橄榄绿色；下体淡皮黄白色，覆腿羽淡棕红色；尾羽呈凸尾型、中央尾羽特形延长。雄鸟前额至头顶棕红色，头顶至后枕棕红色沾橄榄绿色；后颈、背和肩羽及翅上覆羽、腰和尾上覆羽均呈橄榄绿色；飞羽暗褐色；眼先和细狭的眉纹淡棕白色；颏、喉至胸和腹部淡皮黄白色；尾羽棕褐色。雌鸟与雄鸟相似，但繁殖期中央尾羽不特形延长。虹膜淡褐色；上嘴暗褐色，下嘴牙黄色；跗蹠、趾和爪红褐色。

生态习性 多见于稀疏林、次生林及林园。常隐匿于林下层且多在浓密覆盖之下。性活泼，不停地运动或发出刺耳尖叫声。

37. 鳞胸鹪鹛科 Pnoepygidae

97）鳞鹪鹛属 *Pnoepyga* Hodgson, 1844

（135）小鳞胸鹪鹛 *Pnoepyga pusilla pusilla* Hodgson

英文名 Pygmy Wren Babbler

形态特征 上体包括两翅及尾的表面等均呈沾棕色的暗褐色；头顶和上背各羽悉缘以黑褐色；翅上覆羽大都缀以棕黄色点状次端斑；飞羽渲染栗褐色；尾羽具狭窄的棕色端；颏和喉白色；胸和腹亦白色，胸部的褐色羽缘特别明显，因而形成鳞片状；两胁黑褐色。两性相似。虹膜暗褐色；上嘴黑褐色，下嘴色稍淡，嘴基黄褐色；脚及趾褐色。

生态习性 性隐匿，常在稠密灌木丛或竹林树根间的地面上跳来跳去。受惊时潜入密丛深处，从不远飞。体型虽小，但叫声却很洪亮。平时不常鸣叫。食物为植物的叶和芽及昆虫等。

38. 燕科 Hirundinidae

98）燕属 *Hirundo* Linnaeus, 1758

（136）家燕 *Hirundo rustica gutturalis* Scopoli

别　名　燕子
英 文 名　Barn Swallow
形态特征　体型中等（体长20cm，包括尾羽延长部）。头顶和整个上体呈钢蓝色，闪耀金属光泽；颏、喉栗红色；上胸具蓝色横带；胸、腹至尾下覆羽纯白色或淡棕白色，无斑纹；尾黑色，呈铗尾型；尾羽除中央1对外，其余尾羽内䎎均具白斑。与洋斑燕的区别在于：腹部为较纯净的白色，尾形长，并具蓝色胸带。亚成鸟体羽色暗，尾无延长，易与洋斑燕混淆。虹膜褐色；嘴及脚黑色。

生态习性　常见成群低空飞行，或栖于电线上。每年3月中旬即由南方迁至北方，11月才离去。营巢于住宅内的墙壁、房梁上或屋檐下。巢呈半碗状。

99）毛脚燕属 *Delichon* Horsfield *et* Moore, 1854

（137）烟腹毛脚燕 *Delichon dasypus* (Linnaeus)

别　名　石燕
英文名　Asian House Martin
形态特征　体小（体长13cm）而矮壮，黑色。前额、头顶至背羽呈辉亮的钢蓝黑色；腰羽白色；尾浅叉；颏、喉和下体余部白色而渲染烟灰色；跗蹠和趾被白色绒羽。与毛

脚燕的区别在于：翼衬黑色。虹膜褐色；嘴黑色；脚粉红色，被白色羽至趾。

生态习性　单独或成小群，与其他燕或金丝燕混群。比其他燕更喜留在空中，多见其于高空飞翔。

100）斑燕属 *Cecropis* Boie, 1826

（138）金腰燕 *Cecropis daurica japonica* (Temminck *et* Schlegel)

别　　名　燕子
英 文 名　Red-rumped Swallow
形态特征　体长14.3~19.9cm，体型较家燕略大。头顶和背蓝黑色；腰栗黄色；下体淡棕白色而满布黑色纵纹；尾长而叉深。虹膜褐色；嘴及脚黑色。
生态习性　似家燕，但多分布于山区海拔较高的村寨。常见成群飞翔。捕食空中飞虫。

39. 鹎科 Pycnonotidae

101）雀嘴鹎属 *Spizixos* Blyth, 1845

（139）领雀嘴鹎 *Spizixos semitorques semitorques* Swinhoe

别　　名　绿鹦嘴鹎
英 文 名　Collared Finchbill
形态特征　体大，偏绿色，体长17.2～27.5cm。嘴短厚，上嘴下弯；头黑色；上体暗橄榄绿色，下体橄榄黄色；喉白色；嘴基周围近白色；脸颊具白色细纹；尾羽与上体同色，尾端近黑色。体形与凤头雀嘴鹎相似，但羽冠不明显；颊与耳羽为黑白相间；胸部具1条半环状白领。两性相似。虹膜褐色；嘴浅黄色；脚偏粉色。

生态习性　为贵州常见鸟。在海拔350m的平坝至海拔2000m高山上的树林里、灌丛中，甚至村寨附近都有发现，然多见于海拔500～1000m的丘陵地区。性喜结群，有时也见单个或成对活动觅食。

102）鹎属 *Pycnonotus* Boie, 1826

（140）红耳鹎 *Pycnonotus jocosus jocosus* (Linnaeus)

别　名 帽子雀

英文名 Red-whiskered Bulbul

形态特征 体型中等。头顶黑色，具耸立羽冠。眼下后方具亦红色羽簇（故称为红耳鹎），实耳羽与颊下方同为纯白色，外围以黑色，殊为明显；上体褐色；尾暗褐色，外侧尾羽有白端斑；整个下体白色，体侧稍深，胸侧有近黑色的横带；尾下覆羽火红色。虹膜棕色、棕红色或深棕色；嘴、脚均黑色。幼鸟嘴深角质色，脚角质色。亚成体上嘴转褐黑色，下嘴角质色；脚褐色。

生态习性 栖息于海拔1500m以下的雨林、季雨林，也多见于坝区村寨附近的林缘和庭园或江边丛林和灌木丛。性活泼善鸣，忙碌终日。

（141）黄臀鹎 *Pycnonotus xanthorrhous andersoni* (Swinhoe)

别　　名　黑头鹎、冒天鼓

英 文 名　Brown-breasted Bulbul

形态特征　体型中等，灰褐色，体长约19.5cm。头黑色，羽冠不明显；近下嘴基部具1块微小红色点斑，不易发现；上体褐色；耳羽略浅；喉白色；下体近白色；上胸具浅褐色横带；尾下覆羽深黄色。与白喉红臀鹎的区别在于：耳羽褐色，胸带浅褐色，尾端无白色。与白头鹎的区别在于：耳羽褐色，翼上无黄色，尾下覆羽黄色较重。虹膜褐色；嘴及脚黑色。

生态习性　为贵州常见鸟。分布较其他鹎类更为广泛，海拔240～2600m的地方均有其踪迹。性情活泼，喜集群，常在村寨附近和溪流边的灌丛中与树枝间跳跃或觅食。

（142）白头鹎 *Pycnonotus sinensis* (Gmelin)

别　　名　白头翁
英 文 名　Light-vented Bulbul

a. 指名亚种 *Pycnonotus sinensis sinensis* (Gmelin)

形态特征　体型中等，橄榄色，体长约18.5cm。额与头顶纯黑色；两眼上方至枕后呈白色（故为白头鹎）；上体灰褐色或暗石板灰色，具不明显的黄绿色纵纹；翅、尾均黑褐色，具明显的黄绿色羽缘；喉白色；胸染灰褐色，形成一道宽阔而不明显的横带；腹部白色，缀以淡绿黄色纵纹；尾下覆羽白色，缀以淡绿黄色羽缘。两性相似。幼鸟头橄榄色；胸具灰色横纹。虹膜褐色；嘴近黑色；脚黑色。

b. 两广亚种 *Pycnonotus sinensis hainanus* (Swinhoe)

形态特征 与指名亚种相似，但枕后为黑色，似黄臀鹎头部。与黄臀鹎的区别在于：具明显的黄绿色羽缘。

生态习性 性活泼，结群于果树上活动。有时从栖处飞行捕食。杂食性。食物包括各种昆虫和蜘蛛，以及植物的叶、果实和种子等。

注：两广亚种为贵州省新亚种记录，在保护区板寨、五眼桥等多处有记录，并发现其与普通亚种混群的现象，国内有多例关于白头鹎普通亚种北扩的报道，而两广亚种明显的北扩现象尚属首次发现。

（143）白喉红臀鹎 *Pycnonotus aurigaster latouchei* Deignan

别　名　红臀鹎

英 文 名　Sooty-headed Bulbul

形态特征　体型中等（体长20cm）。头顶黑色；腰苍白色；臀红色；颏黑色，领环、腰、胸及腹白色；两翼黑色；尾褐色。幼鸟臀偏黄色。与红耳鹎的区别在于：冠羽较短，脸颊无红色。虹膜红色；嘴及脚黑色。

生态习性　喜开阔林地或有矮丛的栖息环境，林缘、次生植被及公园。群栖，吵嚷，性活泼，常与其他鹎类混群。

103）冠鹎属 *Alophoixus* Oates, 1889

（144）白喉冠鹎 *Alophoixus pallidus henrici* (Oustalet)

英文名 Puff-throated Bulbul

形态特征 体大（体长23cm）。冠羽长而尖且显散乱；上体橄榄色；头侧灰色；下体黄色；白色的喉膨出而带髭须。与黄腹冠鹎易混淆，区别在于：下体较黯淡，腹部黄色较浅。虹膜褐色；嘴黑色；脚褐色。

生态习性 栖息于海拔1500m以下的山坡、山谷、溪畔的开阔次生阔叶林、季雨林、雨林或平坝散生树丛中。喜结集小群觅食于乔木中、上层，偶见于下层活动。杂食性。

104）爱索斯短脚鹎属 *Ixos* Temminck, 1825

（145）绿翅短脚鹎 *Ixos mcclellandii holtii* Swinhoe

英 文 名 Mountain Bulbul

形态特征 体大而喜喧闹，体长约23cm。头顶栗褐色，羽毛尖形，具有浅色轴纹；上体深灰褐色；颈侧染红棕色；飞羽和尾羽的表面呈亮橄榄绿色；喉灰色而具白色纵纹，羽端尖细；下体棕白色；胸部浓暗；尾下覆羽呈浅黄色。虹膜褐色；嘴近黑色；脚粉红色。

生态习性 栖息于阔叶林、针叶林、针阔混交林或次生林中，也见于溪流河畔或村寨附近的竹林、杂木林。大都三五只或十余只结小群活动于乔木中层，偶尔单独活动。杂食性，以植物性食物为主。

105）灰短脚鹎属 *Hemixos* Blyth, 1845

（146）栗背短脚鹎 *Hemixos castanonotus canipennis* Seebohm

别　名　灰短脚鹎
英文名　Chestnut Bulbul
形态特征　体型略大（体长21cm），外观漂亮。上体栗褐色；头顶黑色而略具羽冠；喉白色；腹部偏白色；胸及两胁浅灰色；两翼及尾灰褐色，覆羽及尾羽边缘绿黄色。虹膜褐色；嘴及脚深褐色。

生态习性　分布于海拔较低的丘陵地带。性活泼，群集活动。常结成活跃小群。藏身于甚茂密的植丛。鸣声嘈杂，有时作有韵律的鸣唱。

106）短脚鹎属 *Hypsipetes* Vigors, 1831

（147）黑短脚鹎 *Hypsipetes leucocephalus* (Gmelin)

英 文 名　Black Bulbul

形态特征　体型中等，体长约240mm。全身羽毛呈黑色或黑灰色，有的头、颈白色，其余体羽纯黑色或黑灰色；腹部有时灰白色；尾略分叉。两性相似。虹膜褐色；嘴及脚红色。

a. 滇南亚种 *Hypsipetes leucocephalus concolor* Blyth

亚种形态特征　头顶黑色；背黑灰色或黑褐色；下体暗灰色。

b. 滇西亚种 *Hypsipetes leucocephalus sinensis* (La Touche)

亚种形态特征 通体黑色，但明显浅淡而沾棕褐色，并缺少金属光泽。

亚种说明 《贵州鸟类志》（吴志康，1986）中记录贵州仅有指名亚种，但在茂兰保护区记录的亚种均与该亚种特征不符。目前中国记录有9个亚种，从茂兰保护区记录的亚种来看，更接近于滇南亚种、滇西亚种及其中间过渡状态。

生态习性 栖息于阔叶林、针叶林、针阔混交林、小乔木林及山坡灌丛等，有时甚至活动于村寨和农田附近的次生林和灌丛中。多在树冠上部栖息活动。有季节性迁移，冬季于中国南方可见到数百只的大群。杂食性，但以植物性食物为主。

40. 柳莺科 Phylloscopidae

107）柳莺属 *Phylloscopus* Boie, 1826

（148）褐柳莺 *Phylloscopus fuscatus fuscatus* Blyth

英文名 Dusky Warbler

形态特征 体型较棕腹柳莺稍大，体长11~13.5cm。上体暗褐色，具细狭的淡皮黄色眉纹；下体污白色；颏、喉和腹部中央近白色；胸和胁及尾下覆羽棕褐色；翅上无翅斑。两翼短圆，尾圆而略凹。两性相似。虹膜褐色；上嘴色深，下嘴偏黄色；脚偏褐色。

生态习性 隐匿于沿溪流、沼泽周围及森林中潮湿灌丛的浓密低植被之下，高可至海拔4000m。翘尾并轻弹尾及两翼。4~7月多见成对或单个活动，冬季见有三五只结群或与其他小型鸟类混群活动的现象。食物全为昆虫。

（149）棕眉柳莺 *Phylloscopus armandii perplexus* Ticehurst

英文名 Yellow-streaked Warbler

形态特征 体型中等而敦实，体长11.3～13.5cm。上体橄榄褐色；眉纹棕黄色；贯眼纹暗褐色；颊和耳羽棕褐色；下体棕白色；腹部渲染黄色细纹；胸和胁染棕褐色；尾下覆羽皮黄色。尾略分叉；嘴短而尖。特征为喉部的黄色纵纹常隐约贯胸而至腹部，尾下覆羽黄褐色。两性相似。虹膜褐色；上嘴褐色，下嘴色较淡；脚黄褐色。

生态习性 常见于坡面的亚高山云杉林中的柳树及杨树群落。于低灌丛下的地面取食。繁殖季节多见成对或单个活动，秋冬季结群。以昆虫为食。

（150）黄腰柳莺 *Phylloscopus proregulus* (Pallas)

英文名　Pallas's Leaf Warbler

形态特征　体小，背部橄榄绿色，体型大小与黄眉柳莺相似，体长8.5～10.5cm。上体橄榄绿色；头顶较暗；中央有淡绿黄色冠纹；眉纹绿黄色；腰羽柠檬黄色，形成宽阔的腰带；翅上具2道黄色翅斑；下体污白色；胁和尾下覆羽沾黄绿色。较淡黄腰柳莺上体绿色更鲜亮且下体多黄色。

与橙斑翅柳莺和灰喉柳莺的区别在于：顶纹黄色。两性相似。虹膜褐色；嘴黑色，基部橙黄色；脚粉红色。

生态习性　栖于亚高山林，夏季高可至海拔4200m的林线。在低地林区及灌丛越冬。繁殖季节多见单个或成对活动，秋冬季多结群。

（151）黄眉柳莺 *Phylloscopus inornatus* Blyth

英 文 名 Yellow-browed Warbler

形态特征 体型中等，鲜艳橄榄绿色。上体橄榄绿色；眉纹黄白色；头顶冠纹不明显；腰无黄带；翅上具2道宽阔的黄白色翅斑；下体污白色而沾灰色，缀有淡黄色细纹。两性相似。与极北柳莺的区别在于：上体较鲜亮，翼纹较醒目且三级飞羽羽端白色。与分布区无重叠的淡眉柳莺的区别在于：上体较鲜亮，绿色较浓。与黄腰柳莺和四川柳莺的区别在于：无浅色顶纹。与暗绿柳莺的区别在于：体型较小且下嘴色深。虹膜褐色；上嘴色深，下嘴基部黄色；脚粉褐色。

生态习性 栖于森林的中上层。性活泼，常结群且与其他小型食虫鸟类混群。

（152）极北柳莺 *Phylloscopus borealis* (Blasius)

英 文 名　Arctic Warbler

形态特征　体小，体长10.5～13cm。上体灰橄榄绿色；眉纹黄白色，贯眼纹暗橄榄褐色；飞羽和尾羽黑褐色，外缘橄榄绿色；大覆羽先端狭缘黄白色，形成不明显的翅斑；下体白色沾浅灰黄色；胁部渲染浅橄榄褐色；尾下覆羽黄白色；第6枚初级飞羽和外翈不具切刻，眼先及过眼纹近黑色。与黄眉柳莺的区别在于：嘴较粗大且上弯，尾看似短，头上图纹较醒目。与淡脚柳莺的区别在于：色彩较鲜亮且绿色较重，顶冠色较淡。与乌嘴柳莺的区别在于：下嘴基部色浅。虹膜深褐色；上嘴深褐色，下嘴黄色；脚褐色。

生态习性　喜开阔有林地区、红树林、次生林及林缘地带。加入混合鸟群，在树叶间寻食。鸣声清脆，似铃。

（153）冕柳莺 *Phylloscopus coronatus* (Temminck *et* Schlegel)

英 文 名 Eastern Crowned Warbler

形态特征 体型中等（体长12cm）。头顶暗绿褐色；具近白色的眉纹和顶纹；上体暗绿色；上背沾褐色；翅上具1道狭窄的翅斑；下体淡灰白色；尾下覆羽淡柠檬黄色。两性相似。与冠纹柳莺的区别在于：仅一道翼斑，嘴较大，顶纹及眉纹更显黄色。虹膜深褐色；上嘴褐色，下嘴色浅；脚灰色。

生态习性 喜光顾红树林、林地及林缘，可达最高的山顶。加入混合鸟群，通常见于较大树木的树冠层。

（154）冠纹柳莺 *Phylloscopus claudiae* Blyth

英文名 Blyth's Leaf Warbler

形态特征 色彩亮丽，体长9.5～11.7cm。形态与冕柳莺相似，但翅上具2道宽阔的黄色翅斑；头顶冠纹较显著，尾下覆羽不呈辉黄色；胸、腹部灰白色而稍缀淡黄色细纹；外侧尾羽内翈狭缘白色。两性相似。与黑眉柳莺的区别在于：侧顶纹色淡，两道翼斑较醒目且下体少黄色。与白斑尾柳莺的区别在于：体型较大且下体黄色较少，两翼轮换鼓振。虹膜褐色；上嘴色深，下嘴粉红色；脚偏绿色至黄色。

生态习性 性活泼，有时倒悬而于树枝下方取食。食物主要为昆虫。

（155）黑眉柳莺 *Phylloscopus ricketti ricketti* (Slater)

别　名　黄胸柳莺

英 文 名　Sulphur-breasted Warbler

形态特征　体型中等而色彩鲜艳，体长9～9.5cm，与冠纹柳莺相似。头顶有1道显著的绿黄色中央冠纹和2道粗著的黑色侧冠纹；眉纹黄绿色；贯眼纹黑色；上体橄榄绿色；翅上具2道不明显的黄色翅斑；下体鲜黄色；外侧尾羽具白色狭缘。两性相似。较金眶鹟莺少黄色眼圈。虹膜褐色；上嘴色深，下嘴偏黄色；脚黄粉色。

生态习性　栖于丘陵混合林，高可至海拔1500m。性活泼，常与其他莺类混群。

108）鹟莺属 *Seicercus* Swainson, 1837

（156）比氏鹟莺 *Seicercus valentini latouchei* (Hartert)

别　　名　金眶鹟莺
英 文 名　Bianchi's Warbler
形态特征　有翼带；黄色眼眶；灰色冠，侧贯纹止于额上。成鸟头顶中央冠纹橄榄灰色沾绿色；侧冠纹乌黑色；

眉纹暗橄榄绿色沾灰色；上体暗绿色；余羽与灰冠鹟莺同。虹膜暗褐色；上嘴角褐色，下嘴黄色；脚暗黄色。
生态习性　结群活动于阔叶林间。食物主要为昆虫。

（157）栗头鹟莺 *Seicercus castaniceps sinensis* (Rickett)

英文名 Chestnut-crowned Warbler
形态特征 体型甚小，体长7.5~10cm。头顶棕栗色；侧冠纹黑色；上背灰色；下背橄榄绿色；腰和尾上覆羽亮黄色；眼圈白色；颊和颏、喉至胸部灰色；腹黄色或白色；

胁及尾下覆羽黄色；外侧1对或2对尾羽内翈白色。两性相似。虹膜褐色；上嘴黑色，下嘴色浅；脚角质灰色。
生态习性 活跃于山区森林。常与其他种类混群。在小树的树冠层积极觅食。

41. 树莺科 Cettiidae

109）树莺属 *Cettia* Bonaparte, 1834

（158）强脚树莺 *Cettia fortipes davidiana* (Verreaux)

别　名　山树莺、白水杨梅

英 文 名　Brownish-flanked Bush Warbler

形态特征　体型略小（体长12cm）；翅长50～56mm。上体纯棕橄榄褐色；眉纹皮黄色而较狭细；贯眼纹暗褐色；下体浅皮黄色；体侧黄褐色。两性相似。甚似黄腹树莺，但上体的褐色多且深，下体褐色深而黄色少，腹部白色少，喉灰色亦少。虹膜褐色；上嘴深褐色，下嘴基部色浅；脚肉棕色。

生态习性　于浓密灌丛，易闻其声但难将其赶出一见。通常独处。单个或两三只结小群活动。鸣声响亮而动听，十分悦耳。主要以昆虫为食，兼食少量种子。

42. 长尾山雀科 Aegithalidae

110）长尾山雀属 *Aegithalos* Hermann, 1804

（159）红头长尾山雀 *Aegithalos concinnus concinnus* (Gould)

英文名 Black-throated Bushtit
形态特征 体小，优雅，体长9～15cm。头顶栗红色；背蓝灰色；喉部中央具黑色斑块；胸带和两胁栗红色；翅和尾黑褐色。两性相似。幼鸟头顶色浅；喉白色，具狭窄的黑色项纹。虹膜黄色；嘴黑色；脚橘黄色。
生态习性 喜栖于针叶林、阔叶林和竹林灌丛间。常十余只或数十只结群活动。食物主要为昆虫。

43. 莺鹛科 Sylviidae

111）棕头鸦雀属 *Sinosuthora* Penhallurick *et* C. R. Robson, 2009

（160）棕头鸦雀 *Sinosuthora webbiana suffusa* (Swinhoe)

别　　名　棕翅缘鸦雀、黄豆雀
英 文 名　Vinous-throated Parrotbill
形态特征　体型纤小，体长约12cm。头顶至上背红棕色；下背和腰橄榄褐色；翅和尾暗褐色，翅的边缘渲染栗棕色；喉略具细纹；喉和胸粉红色或灰色；腹部淡黄褐色；眼圈不明显。两性相似。虹膜褐色；嘴灰色或褐色，端部色较浅；脚粉灰色。

生态习性　通常栖于林下植被及低矮树丛中。活泼而好结群。轻的"呸"声易引出此鸟。以动物性食物为主，也取食种子等植物性食物。

112）短尾鸦雀属 *Neosuthora* Slater, 1897

（161）短尾鸦雀 *Neosuthora davidiana davidiana* Slater

别　　名　挂墩鸦雀
英 文 名　Short-tailed Parrotbill
形态特征　体型小，似山雀。头和颈的上部及侧部均栗红色；颏和上喉黑色；尾下覆羽浅栗红色。背和腰棕灰色；翅羽褐色；尾上覆羽淡棕黄色；尾羽棕褐色；颏和上喉黑色而杂以白色细点；下喉贯以淡黄色横带；胸和腹近黄灰色；向后渲染棕色；尾下覆羽浅棕色；两胁色更浅。雌雄同色。虹膜褐色；嘴及脚近粉色。

生态习性　栖于竹林密丛。常结小群活动。叫声单调，似"zi-zi"一连数声，彼此呼应不休。

113）白胸鸦雀属 *Psittiparus* Hellmayr, 1903

（162）灰头鸦雀 *Psittiparus gularis fokiensis* (David)

英 文 名 Grey-headed Parrotbill

形态特征 体大（体长18cm）。头顶和枕部深灰色；前额和眉纹黑色，自前额向后直伸至颈侧；上体余部包括翅的表面和尾棕褐色；眼先和眼周白色；喉的中央黑色；下体余部白色。虹膜红褐色；嘴橘黄色；脚灰色。

生态习性 栖于海拔450～1850m低地森林的树冠层、林下植被、竹林及灌丛。吵嚷成群。常3～5只集小群活动。

114）鸦雀属 *Paradoxornis* Gould, 1836

（163）点胸鸦雀 *Paradoxornis guttaticollis* David

英 文 名 Spot-breasted Parrotbill

形态特征 体型较大（体长18cm）。额、头顶和后颈栗棕色；上体余部棕褐色；脸白色或皮黄色；耳羽黑色；下体淡皮黄色；喉和上胸具黑色矢状斑。特征为胸上具深色的倒"V"形细纹。虹膜褐色；嘴橘黄色；脚蓝灰色。

生态习性 栖于灌丛、次生植被及高草丛。常结小群活动。食物以动物性食物为主，也食种子和果实等植物性食物。

44. 绣眼鸟科 Zosteropidae

115）凤鹛属 *Yuhina* Hodgson, 1836

（164）栗耳凤鹛 *Yuhina castaniceps torqueola* (Swinhoe)

别　　名　栗头凤鹛

英 文 名　Striated Yuhina

形态特征　体长约13cm。头顶具灰色扇形羽冠；耳羽栗色；背、腰和尾上覆羽橄榄灰褐色，具白色羽干纹；尾与翅褐色，外侧尾羽具白端；下体浅灰色。虹膜褐色；嘴红褐色，端部色深；脚粉红色。

生态习性　栖息于热带和亚热带地区的沟谷雨林、常绿阔叶林和稀树灌丛。非繁殖季节常结小群或20～30只的大群活动。

（165）白领凤鹛 *Yuhina diademata ampelina* Verreaux

英 文 名 White-collared Yuhina

形态特征 体大，体长约16cm。前额和头顶冠羽暗褐色；后枕和眼后枕侧及眼眶白色；眼先、颊部和颏至上喉黑色；背和喉、胸及腹部两侧全为土褐色；飞羽黑色，初级飞羽端部外翈白色；次级飞羽羽轴近白色；尾羽深褐色，羽轴白色；腹部中央和尾下覆羽白色。两性相似。虹膜偏红色；嘴近黑色；脚粉红色。

生态习性 成对或结小群吵嚷活动于海拔1100～3600m的灌丛，冬季下至海拔800m。

（166）黑颏凤鹛 *Yuhina nigrimenta* Rothschild

英文名 Black-chinned Yuhina

形态特征 体小（体长11cm），偏灰色。前额至头顶冠羽黑色，具宽阔的灰色羽缘，形成鳞状斑纹；眼先黑色；眼圈黑褐色沾灰色；头侧和后颈部灰色；上体余部橄榄褐色；飞羽和尾羽深褐色；颏黑色；下体余部黄褐色。两性相似。虹膜褐色；上嘴黑色，下嘴红色；脚橘黄色。

生态习性 夏季多见于海拔530~2300m的山区森林、过伐林及次生灌丛的树冠层中，冬季下至海拔300m。性活泼而喜结群，有时与其他种类结成大群。以植物种子、花蜜和昆虫为食。

116）绣眼鸟属 *Zosterops* Vigors *et* Horsfield, 1827

（167）红胁绣眼鸟 *Zosterops erythropleurus* Swinhoe

英 文 名　Chestnut-flanked White-eye

形态特征　中等体型，体长10.1～11cm。眼周具明显的白圈；体型大小和上体羽色与暗绿绣眼鸟相似，但两胁显著的栗红色（有时不显露），下颚色较淡，黄色的喉斑较小，头顶无黄色。虹膜红褐色；嘴橄榄色；脚灰色。

生态习性　有时与暗绿绣眼鸟混群。生活习性与暗绿绣眼鸟相似，嗜食昆虫。

（168）暗绿绣眼鸟 *Zosterops japonicus simplex* Swinhoe

英 文 名 Japanese White-eye

形态特征 体小，体长9.8～11.8cm。上体全为绿色；腹面近白色；眼周具极明显的白圈（与其他鸟类很容易区别）。无红胁绣眼鸟的栗色两胁及灰腹绣眼鸟腹部的黄色带。虹膜浅褐色；嘴灰色；脚偏灰色。

生态习性 群栖性鸟。性活泼而喧闹，常集群活动。于树顶觅食小型昆虫、小浆果及花蜜。

（169）灰腹绣眼鸟 *Zosterops palpebrosus joannae* (Temminck)

英 文 名 Oriental White-eye

形态特征 体小，橄榄绿色，体长9.2～11.7cm。基本羽色与暗绿绣眼鸟极相似，但区别在于：沿腹中心向下具1道狭窄的柠檬黄色斑纹，眼先及眼区黑色，白色的眼圈较窄。虹膜黄褐色；嘴黑色；脚橄榄灰色。

生态习性 喜原始林及次生植被。形成大群，与其他鸟类（如山椒鸟等）随意混群，在最高树木的顶层活动。

45. 林鹛科 Timaliidae

117）锈脸钩嘴鹛属 *Erythrogenys* E. C. S. Baker, 1930

（170）华南斑胸钩嘴鹛 *Erythrogenys swinhoei abbreviatus* Stresemann

英 文 名 Grey-sided Scimitar Babbler

形态特征 体型略大（体长24cm），无浅色眉纹，脸颊棕色，甚似锈脸钩嘴鹛但胸部具浓密的黑色点斑或纵纹。两胁灰色；头顶、颈背褐色具纵纹；上背橄榄褐色。虹膜黄色至栗色；嘴灰色至褐色；脚肉褐色。

生态习性 藏隐于近地面的高草丛或稠密灌丛，但有时在树顶鸣叫。对唱响亮而独特，雄鸟发出深沉的"callow-creee，callow-creee"，第4个creee音节略高，雌鸟回以"callow"叫声。告警时吱吱作叫。

118）钩嘴鹛属 *Pomatorhinus* Horsfield, 1821

（171）棕颈钩嘴鹛 *Pomatorhinus ruficollis hunanensis* Cheng

英 文 名 Streak-breasted Scimitar Babbler

形态特征 体型略小，体长16～20.3cm。头顶和背羽橄榄褐色；后颈和颈侧棕红色；具显著的白色眉纹；颏、喉至胸白色；胸部具橄榄褐色或棕栗红色与白色相间的纵纹（分布于海南岛和台湾的亚种胸部的条纹呈黑褐色）；下体余部橄榄褐色至棕褐色。两性相似。虹膜褐色；上嘴黑色，下嘴黄色（亚种*reconditus*下嘴粉红色）；脚铅褐色。

生态习性 栖息于热带和亚热带地区的常绿阔叶林、竹林和次生灌丛地带。结小群活动，鸣叫声优雅动听，类似"找哥哥"，清脆而富有韵律。杂食性。

119）穗鹛属 *Cyanoderma* Salvadori, 1874

（172）红头穗鹛 *Cyanoderma ruficeps davidi* (Oustalet)

别　名 山红头
英文名 Rufous-capped Babbler
形态特征 体小，体长为11.1～12.9cm。前额、头顶至后枕呈棕红色或栗红色；背羽橄榄绿褐色；脸部淡黄色，多少斑杂褐色；飞羽和尾羽表面绿褐色；颏、喉淡黄色，具纤细的黑色羽干纹；胸和腹部中央浅灰黄色；胁和尾下覆羽橄榄绿褐色。两性相似。与黄喉穗鹛的区别在于：黄色较重，下体皮黄色较少。虹膜红色；上嘴近黑色，下嘴色较淡；脚棕绿色。

生态习性 栖息于亚热带地区的低山丘陵和平原。常见十多只结群或数十只结群，在林缘灌草丛中活动。鸣声似"呼..呼.呼呼"。觅食昆虫及植物种子和果实等。

120）鹛属 *Timalia* Horsfield, 1821

（173）红顶鹛 *Timalia pileata smithi* Deignan

英 文 名　Chestnut-capped Babbler
形态特征　额和眉纹白色；冠部暗棕红色，羽干坚硬且发亮；上体橄榄色沾棕色；翅表茶黄色，或缀以棕色；尾暗褐色，具不明显的横纹；眼先和嘴皆黑色；耳羽带灰色；自颏至上胸均白色；下喉和胸具黑色羽干纹；下体余部皮黄色；胁和尾下覆羽橄榄色；翼缘和翼下覆羽均浅皮黄色至皮黄色。虹膜朱红色，眼帘蓝灰色；嘴黑色，幼鸟上嘴黑色，下嘴乳白色，先端黑色；脚角褐色。

生态习性　栖于海拔1000m以下的低山山坡、平原、田边灌丛或高草丛中。性好结群。食物以昆虫为主。

46. 幽鹛科 Pellorneidae

121）乌线雀鹛属 *Schoeniparus* Hume, 1874

（174）褐胁雀鹛 *Schoeniparus dubia genestieri* (Oustalet)

英文名　Rusty-capped Fulvetta

形态特征　体型中等，体长约14.0cm。头顶棕褐色；眼先黑色；显眼的白色眉纹上有黑色的侧冠纹；上体橄榄褐色；翅和尾表面棕褐色；喉白色；下体余部浅皮黄色；两胁沾橄榄褐色。与褐顶雀鹛的区别在于：脸颊及耳羽有黑白色细纹，体型较大。虹膜褐色；嘴深褐色；脚粉色。

生态习性　栖息于常绿阔叶林、针阔混交林、稀树灌丛草坡、林缘耕地灌丛等生境中。多结群活动于林下灌丛中，亦常在地面腐殖土中刨食。

122）雀鹛属 *Alcippe* Blyth, 1844

（175）灰眶雀鹛 *Alcippe morrisonia schaefferi* La Touche

别　　名　白眶雀鹛
英 文 名　Grey-cheeked Fulvetta
形态特征　体型略大，体长约15cm。头顶、颈和上背褐灰色，头侧和颈侧灰色，具近白色眼圈和暗色侧冠纹；上体和翅、尾的表面橄榄褐色；喉灰色；下体余部淡皮黄色至赭黄色；两胁沾橄榄褐色。两性相似。与褐脸雀鹛的区别在于：下体偏白色，脸颊多灰色且眼圈白色。虹膜红色；嘴灰色；脚偏粉色。

生态习性　群栖型雀鹛。栖息于常绿阔叶林、针阔混交林、针叶林、稀树灌丛、竹丛和农田居民区等多种生境中。常几只成群，有时多达数十只集群活动。

123）雅鹛属 *Turdinus* Blyth, 1844

（176）短尾鹪鹛 *Turdinus brevicaudatus stevensi* (Kinnear)

英 文 名 Streaked Wren Babbler
形态特征 体小（体长15cm）。顶冠、颈背及上背多具深色的鳞状斑；下体棕褐色而微具纵纹；喉具黑白色纵纹；大覆羽及三级飞羽羽端可见些许细小的白色点斑。与灰岩鹪鹛的区别在于：体型较小，翼具白色点斑，上体强反差

鳞状纹较多，喉部少粗重纹且尾短。虹膜及嘴褐色；脚偏粉色。
生态习性 惧生而藏隐，栖于海拔1750～2440m山区常绿林的林下植被。高音的"tzit"声，比鳞胸鹪鹛声调高。告警时发出轻声的"birrh birrh birrh"。

124）大草莺属 *Graminicola* Jerdon, 1863

（177）中华草鹛 *Graminicola striatus* Jerdon

别　　名 大草莺
英 文 名 Chinese Grass-babbler
形态特征 体型小，体长15～18cm。上体有粗著的黑褐色纵纹；腰部黑褐色纵纹细弱，几为红棕色；下体、喉、胸和腹部中央皮黄色，余部为浅棕色。成鸟嘴须发达；眼先和眉纹棕白色；颊和耳羽淡棕色；头顶及背黑褐色杂有棕色粗著的纵纹；尾上覆羽红棕色，具黄褐色轴纹；飞羽棕色具黑褐色边缘；尾羽黑褐色，呈显著凸状，羽缘沾棕色，外侧尾羽具浅色末端；喉、胸、腹部中央皮黄色，其余下体大致呈浅棕色。虹膜红褐色；嘴褐色或角褐色，基部肉色；脚暗肉色或肉褐色。

生态习性 藏匿于沼泽低洼地区的高芦苇地，也在低矮丘陵山地的高草地。受惊吓则快速扎入覆盖中。

47. 噪鹛科 Leiothrichidae

125）草鹛属 *Babax* David, 1875

（178）矛纹草鹛 *Babax lanceolatus latouchei* Stresemann

英文名　Chinese Babax

形态特征　体型略大而多具纵纹，体长21.5～31.7cm。头顶暗栗红褐色，缘棕褐色；背羽满布粗著的暗栗褐色与淡灰褐色相间的纵纹；翅和尾羽褐色；头侧淡棕黄白色，斑杂黑褐色；喉部两侧有粗著的黑色颚纹；颏、喉至胸和腹部淡皮黄白色；胸和腹部两侧满布栗褐色和黑色相并的粗细纵纹；尾下覆羽灰褐色，羽端淡黄褐色。虹膜黄色；嘴黑色；脚粉褐色。

生态习性　栖于开阔的山区森林及丘陵森林的灌丛、棘丛及林下植被。性甚隐蔽，但栖于突出处鸣叫，甚吵嚷。结小群于地面活动和取食。

126）噪鹛属 *Garrulax* Lesson, 1831

（179）画眉 *Garrulax canorus* (Linnaeus)

英 文 名 Hwamei

形态特征 体型略小，体长19.7～24.5cm。头顶至后颈和背羽橄榄绿褐色，渲染棕黄色；翅和尾羽棕黄褐色；喉、胸和胁部及尾下覆羽棕黄色或皮黄色；前额、头顶至上背及喉至上胸具暗褐色羽干纹；腹部中央灰色；眼圈和眉纹白色，犹如蛾眉状（故有"画眉"之称）。虹膜黄色；嘴及脚偏黄色。

生态习性 栖息于热带和亚热带地区的低山丘陵地带。在灌丛、草丛、竹林中活动觅食。以昆虫（主要是甲虫、鳞翅目幼虫）、野果、草籽、蚯蚓为食（吴志康，1986）。

（180）灰翅噪鹛 *Garrulax cineraceus cinereiceps* (Styan)

英 文 名 Moustached Laughingthrush

形态特征 体型略小而具醒目图纹，体长20～22.6cm。头顶、颈背、眼后纹、髭纹及颈侧细纹黑色；上体橄榄绿褐色或棕黄褐色；初级飞羽外缘烟灰色，内侧飞羽和尾羽具白色端斑和黑色髭纹；下体皮黄色。两性相似。与白颊噪鹛的区别在于：尾部及翼上图纹。虹膜乳白色；嘴角质色；脚暗黄色。

生态习性 成对或结小群活动于亚热带低山丘陵地带的阔叶林、针阔混交林、稀树灌丛、竹丛等生境。杂食性。

（181）小黑领噪鹛 *Garrulax monileger melli* Stresemann

英文名 Lesser Necklaced Laughingthrush

形态特征 体型较画眉稍大。上体及翅、尾等大都棕橄榄褐色；后颈棕色；胸具黑色圈；头顶棕橄榄褐色，后颈转棕色，形成一横带；外侧尾羽具白色端斑和黑色次端斑；眉纹白色；眼先黑色；耳羽灰白色，而上下均缘以黑纹，在耳羽下缘前端的黑纹不显；颏、喉均白色，胸部贯以黑圈；腹侧和两胁棕黄色；腹部中央纯白色；尾下覆羽淡棕色。虹膜黄色；嘴黑褐色，先端及嘴缘色较淡；脚淡褐色，爪黄褐色。

生态习性 群栖而吵嚷。通常在森林地面的树叶间翻找食物。有时与其他噪鹛（如黑领噪鹛）混群。

（182）黑领噪鹛 *Garrulax pectoralis picticollis* Swinhoe

英 文 名 Greater Necklaced Laughingthrush

形态特征 体型略大（体长30cm），棕褐色。头、胸部具复杂的黑白色图纹。似小黑领噪鹛，区别主要在眼先浅色，且初级覆羽色深而与翼余部成对比。虹膜栗色；上嘴黑色，下嘴灰色；脚蓝灰色。

生态习性 吵嚷群栖。作长距离的滑翔。取食多在地面。与其他噪鹛（包括相似的小黑领噪鹛）混群。炫耀表演时，并足跳动，头点动，两翼展开同时鸣叫。

（183）白颊噪鹛 *Garrulax sannio sannio* Swinhoe

别　　名　土画眉

英 文 名　White-browed Laughingthrush

形态特征　体型中等，灰褐色，体长20.4～26cm。头顶栗红褐色；眼先、眉纹和颊部白色；背面纯棕褐色或橄榄褐色；腹部皮黄色；肛羽和尾下覆羽铁锈黄色。两性相似。特征为脸颊具皮黄白色的图纹。虹膜及嘴褐色；脚灰褐色。

生态习性　不如大多数噪鹛那样惧生。隐匿于次生灌丛、竹丛及林缘空地。叫声嘈杂而响亮。杂食性。

127）相思鸟属 *Leiothrix* Swainson, 1832

（184）红嘴相思鸟 *Leiothrix lutea lutea* (Scopoli)

英 文 名　Red-billed Leiothrix
形态特征　色彩艳丽，体长13～16.7cm。前额和头顶橄榄绿褐色；背和肩羽灰绿色；喉部黄色；胸橙黄色；腹淡黄白色；翅和尾羽黑色；飞羽外缘黄色和红色，形成翅斑；尾端呈浅叉状，外侧尾羽最长而稍曲；尾上覆羽较长呈灰绿褐色，具白色端缘；尾下覆羽浅黄色。虹膜褐色；嘴红色；脚粉红色。

生态习性　吵嚷，成群栖于次生林的林下植被。鸣声欢快、色彩华美，加之相互亲热的习性使其常为笼中宠物。休息时常紧靠在一起相互舔整羽毛。

48. 鸸科 Sittidae

128）鸸属 *Sitta* Linnaeus, 1758

（185）普通鸸 *Sitta europaea sinensis* Verreaux

英文名 Eurasian Nuthatch

形态特征 体长11.7～14cm。上体灰蓝色；下体白色至肉桂棕色；头颈两侧有1道黑纹；尾下覆羽白色，具栗色羽缘。虹膜深褐色；嘴黑色，下颚基部带粉色；脚深灰色。

生态习性 成对或结小群活动。飞行起伏呈波状。在树干的缝隙及树洞中啄食橡树籽及坚果，偶尔于地面取食。

49. 河乌科 Cinclidae

129）河乌属 *Cinclus* Borkhausen, 1797

（186）褐河乌 *Cinclus pallasii pallasii* Temminck

英文名 Brown Dipper

形态特征 体型略大，体长19.8～24.9cm。通体暗棕褐色；尾较短。两性相似。有时眼上的白色小块斑明显。虹膜褐色；嘴及脚深褐色。

生态习性 栖息于山谷溪流、河滩和沼泽地间。常单独活动或成对站立在溪流的岩石上，头、尾常不断地上下摆动。飞行迅速，但飞行距离较短，一般贴近水面，沿河直线飞行。

50. 椋鸟科 Sturnidae

130）八哥属 *Acridotheres* Vieillot, 1816

（187）八哥 *Acridotheres cristatellus cristatellus* (Linnaeus)

英 文 名 Crested Myna

形态特征 体大，体长25cm左右。通体黑色；额基羽冠较短，为0.5～1cm；翅上具白斑，飞行时尤为明显；尾下覆羽和外侧尾羽端缘白色。两性相似。与林八哥的区别在于：冠羽较长，尾端有狭窄的白色，尾下覆羽具黑色及白色横纹。虹膜橘黄色；嘴浅黄色，基部红色；脚暗黄色。

生态习性 栖息于丘陵或平原的林缘，以及村寨附近耕地、林地间。喜结群，常十余只或数十只结群，有时也见于牛背，啄食牛体外寄生虫。常成群跟随于耕地的牛后啄食蚯蚓和各种昆虫。杂食性，以昆虫等动物性食物为主，也取食植物果实和种子。

131）椋鸟属 *Spodiopsar* Sharpe, 1889

（188）丝光椋鸟 *Spodiopsar sericeus* (Gmelin)

英文名 Silky Starling

形态特征 体型略大，体长约22.3cm。雄鸟头白色；上体深灰色，下体浅灰色；两翅和尾黑色，翅上具白斑。雌鸟头污灰白色；背灰褐色；下体浅灰褐色；翅上白斑较小。虹膜黑色；嘴红色，端部黑色；脚暗橘黄色。

生态习性 栖息于较开阔的平原、耕作区、农田边，以及村落附近的针阔混交林、稀疏林中。多3～5只结小群活动。鸣声清脆响亮。以昆虫等动物性食物为主，亦食种子、果实等植物性食物。

（189）灰椋鸟 *Spodiopsar cineraceus* (Temminck)

英文名 White-cheeked Starling
形态特征 体羽灰褐色；头部黑色而两侧白色；尾羽白色。雄鸟头顶、后颈和颈侧黑色，前额杂以白羽；背、肩、腰和翅上内侧覆羽灰土褐色；外侧覆羽和飞羽黑褐色；尾上覆羽前方白色，其后和中央尾羽均与背同色；颊和耳羽污白色，杂以黑纹；颏白色；喉和上胸灰褐色，有灰色矛状细纹；下胸和两肋褐灰色；下体余部白色。雌鸟

与雄鸟相似，但上体灰褐色部分均浅而多褐色，下体土褐色。虹膜褐色而具白圈；嘴橙红色，先端色较暗，下嘴基部沾绿色；跗蹠及趾橙红色，爪黑褐色。
生态习性 平原地区常结群活动，在山区多活动于开阔地段，接近农田、水田的林缘。飞行迅速，整群飞行。鸣声低微而单调。当一只受惊起飞，其他也纷纷响应，整群而起。食物以昆虫为主。

51. 鸫科 Turdidae

132）黑耳地鸫属 *Geokichla* S. Müller, 1835

（190）橙头地鸫 *Geokichla citrina melli* (Stresemann)

英文名 Orange-headed Thrush

形态特征 体长约20cm。雄鸟的头至后颈和下体橙黄色；背部暗灰蓝色。雌鸟头至后颈和下体橙黄色；耳羽缘以暗褐色；背部橄榄褐色。亚成鸟似雌鸟，但背具细纹及鳞状纹。虹膜褐色；嘴略黑色；脚肉色。

生态习性 栖息于丘陵地区阔叶林内。冬天结小群。多在地面活动觅食。

133）地鸫属 *Zoothera* Vigors, 1832

（191）虎斑地鸫 *Zoothera aurea aurea* (Holandre)

英文名 White's Thrush

形态特征 体大并具粗大的褐色鳞状斑纹，体长约26cm。上体羽橄榄黄褐色，满布皮黄色次端和黑色端斑及淡黄白色纤细羽干纹；下体近白色，亦具皮黄色次端和黑色端斑；胸部多皮黄色，黑斑较密集；飞羽内翈黑褐色，近中部有1道明显的淡棕白色翅斑，飞翔时可见。两性相似。虹膜褐色；嘴深褐色；脚带粉色。

生态习性 栖居于茂密森林，于森林地面取食。冬季结小群。杂食性，以动物性食物为主，尤嗜蚯蚓。

134）鸫属 *Turdus* Linnaeus, 1758

（192）乌灰鸫 *Turdus cardis* Temminck

英 文 名 Japanese Thrush

形态特征 体小（体长21cm）。雄雌异色。雄鸟上体纯黑灰色；头及上胸黑色；下体余部白色；腹部及两胁具黑色点斑。雌鸟上体灰褐色；下体白色；上胸具偏灰色的横斑；胸侧及两胁沾赤褐色；胸及两侧具黑色点斑。幼鸟褐色较浓，下体多赤褐色。雌鸟与黑胸鸫的区别在于：腰灰色，黑色点斑延至腹部。虹膜褐色；嘴雄鸟黄色，雌鸟近黑色；脚肉色。

生态习性 栖于落叶林，藏身于浓密植物丛及林子。甚羞怯。一般独处，但迁徙时结小群。

（193）灰翅鸫 *Turdus boulboul* (Latham)

英 文 名 Grey-winged Blackbird

形态特征 体型略大（体长28cm）。雄鸟似乌鸫，但宽阔的灰色翼纹与其余体羽成对比；腹部黑色，具灰色鳞状纹；嘴比乌鸫的橘黄色多；眼圈黄色。雌鸟橄榄褐色；翼上具浅红褐色斑。虹膜褐色；嘴橘黄色；脚黩褐色。

生态习性 于地面取食，静静地在树叶中翻找无脊椎动物，冬季也吃植物果实和浆果。

（194）乌鸫 *Turdus mandarinus mandarinus* Bonaparte

英文名　Chinese Blackbird

形态特征　体型小，体长约21cm。雄雌异色。雄鸟头和后颈至上背及喉、胸部黑色；下背至尾上覆羽和肩羽乌灰色；翅和尾羽乌灰褐色；腹部至尾下覆羽白色；胁部灰色。雌鸟上体灰橄榄褐色；下体白色；上胸具灰色横斑，胸侧及两胁沾赤褐色，与黑胸鸫相似，但胁部不为橙棕色。虹膜褐色；嘴雄鸟黄色，雌鸟近黑色；脚肉色。

生态习性　栖于落叶林，藏身于浓密植物丛及林子。甚羞怯。一般独处，但迁徙时结小群。

（195）灰头鸫 *Turdus rubrocanus* G. R. Gray

英文名 Chestnut Thrush

形态特征 体型略小（体长25cm），栗色及灰色。体羽色彩图纹特别：头及颈灰色，两翼及尾黑色，身体多栗色。与棕背黑头鸫的区别在于：头灰色而非黑色，栗色的身体与深色的头胸部之间无偏白色边界，尾下覆羽黑色且羽端白色，而非黑色且羽端棕色，眼圈黄色。虹膜褐色；嘴及脚黄色。

生态习性 多栖于乔木上。常单独或成对活动，春秋迁徙季节亦集成几只或十余只的小群，有时亦见和其他鸫类结成松散的混合群。冬季也成群。性胆怯而机警，遇人或有干扰立刻发出警叫声。常在林下灌木或乔木树上活动和觅食，但更多是下到地面觅食。

（196）白眉鸫 *Turdus obscurus* Gmelin

英　文　名　Eyebrowed Thrush

形态特征　体型中等，褐色，体长约22cm。头灰褐色，白色眉纹；上体橄榄褐色，最外侧2对尾羽具宽的白色端斑；胸和胁浅灰褐色；腹部中央及尾下覆羽白色沾灰色。雄鸟头及喉灰褐色，雌鸟头褐色，喉偏白而略具细纹。似赤胸鸫但胸及两胁褐灰色而非黄褐色，外侧两枚尾羽的羽端白色甚宽。虹膜褐色；上嘴灰色，下嘴黄色；脚浅褐色。

生态习性　栖于低地森林、次生植被、公园及花园。性羞怯，藏匿于林下。

（197）红尾斑鸫 *Turdus naumanni* Temminck

别　　名 红尾鸫、斑鸫

英 文 名 Naumann's Thrush

形态特征 雄性成鸟（冬羽）前额、头顶、后颈至背和肩羽橄榄褐色，隐现暗褐色羽干纹；眉纹宽阔呈淡棕白色，从额基伸达枕侧；眼先和耳羽黑褐色；眼下有白色块斑；颊部淡棕白色，斑杂黑褐色；肩羽和下背斑杂棕黄色；腰及尾上覆羽转呈棕黄色，羽端缘淡橄榄褐色；翅暗褐色，翅上小覆羽具棕黄色羽干纹，其余覆羽和飞羽外缘淡棕白色或棕黄色；飞羽内翈近基大部棕黄色；尾羽表面暗褐色或棕黄色，羽端和外翈端部渲染黑褐色；颏、喉淡棕白色；喉侧和上胸有黑色矢状小点斑；胸和胁部具栗红色或栗褐色粗著斑点，羽端缘淡棕白色；腋羽和翅下覆羽浅栗红色；腹部淡棕白色；尾下覆羽基部栗红色，羽端白色。雌性成鸟与雄鸟相似，但喉和胸部多黑褐色斑纹。虹膜暗褐色；嘴黑褐色，下嘴基部黄褐色；跗蹠、趾、爪暗黄褐色。

生态习性 栖于开阔的多草地带及田野。冬季成大群。

（198）宝兴歌鸫 *Turdus mupinensis* Laubmann

英 文 名　Chinese Thrush

形态特征　体型中等（体长23cm）。上体褐色；下体皮黄色而具明显的黑点。与欧歌鸫的区别在于：耳羽后侧具黑色斑块，白色的翼斑醒目。虹膜褐色；嘴污黄色；脚暗黄色。

生态习性　一般栖于林下灌丛。单独或结小群。甚惧生。鸣声为一连串有节奏的悦耳之声，通常在3～11s发3～5声。多为平声，有时上升，偶尔模糊。

52. 鹟科 Muscicapidae

135）歌鸲属 *Luscinia* Forster, 1817

（199）蓝歌鸲 *Larvivora cyane cyane* (Pallas)

英文名 Siberian Blue Robin

形态特征 雄鸟上体自头顶至尾巴暗蓝色；眼先、头和颈的两侧黑色；两翅暗褐色，翅上覆羽与背同色；下体纯白色。雌鸟上体橄榄褐色，腰和尾上覆羽暗蓝色；翅上的大覆羽具棕黄色末端；下体白色；胸羽缘以褐色，微沾皮黄色。虹膜褐色；嘴黑色；脚粉白色。

生态习性 多为地栖性，很少栖止于枝头上；驰走时，尾常上下扭动不已。性甚隐怯，大多匿窜于芦苇荆棘间。歌声多变而动听。食物多为甲虫和其他昆虫。

136）鸲属 *Tarsiger* Hodgson, 1844

（200）红胁蓝尾鸲 *Tarsiger cyanurus cyanurus* (Pallas)

英 文 名 Orange-flanked Bluetail

形态特征 体型略小而喉白，体长约14cm。两性下体污白色；胁部橘黄色。雄鸟上体蓝色或褐色而渲染蓝灰色；眉纹白色。雌鸟上体褐色；尾上覆羽和尾羽有蓝色。雌鸟与雌性蓝歌鸲的区别在于：喉褐色而具白色中线，而非喉全白色，两胁橘黄色而非皮黄色。虹膜褐色；嘴黑色；脚灰色。

生态习性 长期栖于湿润山地森林及次生林的林下低处。主要以昆虫为食。

137）短翅鸫属 *Brachypteryx* Horsfield, 1821

（201）蓝短翅鸫 *Brachypteryx montana sinensis* Rickett *et* La Touche

英文名 White-browed Shortwing

形态特征 体型中等（体长15cm），深蓝色（雄鸟）或褐色（雌鸟）。雄鸟上体深青石蓝色；白色的眉纹明显；下体浅灰色；尾及翼黑色；肩具白色块斑。雌鸟暗褐色；胸浅褐色；腹中心近白色；两翼及尾棕色；眉纹白色，被掩盖部分较小。亚成鸟具褐色杂斑。虹膜褐色；嘴黑色；脚肉色略沾灰色。

生态习性 羞怯，栖于植被茂密的地面，常近溪流，有时见于开阔林间空地，甚至于山顶多岩的裸露斜坡。鸣声以几个单音缓慢开始，加速至哀怨絮叨声，然后骤然停止。

138）鹊鸲属 *Copsychus* Wagler, 1827

（202）鹊鸲 *Copsychus saularis prosthopellus* Oberholser

英文名　Oriental Magpie Robin

形态特征　体型中等，黑白色，体长约20cm。雄鸟上体亮黑色；翅上有显著的白色块斑，在飞行时尤为显著；外侧尾羽大都白色；喉至上胸亮黑色；下体余部白色。雌鸟上体的黑色不如雄鸟辉亮而呈黑灰色；停栖时，尾羽常上翘成直角。亚成鸟似雌鸟但为杂斑。虹膜褐色；嘴及脚黑色。

生态习性　栖息于活动居民点附近的树木上和竹林内，亦见于平原农田和房前屋后的田圃及树林。常在粪坑周围活动，觅食蝇蛆。多见单个或成对活动，觅食昆虫。鸣声响亮而动听，常作为观赏笼鸟。

139）红尾鸲属 *Phoenicurus* Forster, 1817

（203）北红尾鸲 *Phoenicurus auroreus auroreus* (Pallas)

别　　名　红弹弹

英 文 名　Daurian Redstart

形态特征　体型中等而色彩艳丽，体长约15cm。雄鸟头顶至上背石板灰色；头侧、颏、喉、背、肩羽及两翅黑色；翅上内侧飞羽具白色块斑；腰至尾上覆羽棕黄色；中央尾羽黑褐色；外侧尾羽棕黄色；下体余部棕黄色。雌鸟头顶、后颈至背和肩羽暗橄榄褐色；翅黑褐色；外缘橄榄褐色；内侧飞羽亦具白色块斑；头颈两侧和胸部橄榄褐色；颏、喉近白色沾橄榄褐色；腹淡皮黄色；尾羽与雄鸟相似。虹膜褐色；嘴及脚黑色。

生态习性　栖息于林缘灌木、草丛及田园耕作地边缘和居民点附近的林木上。常见单个或成对活动。以昆虫及杂草种子和野果为食。

140）水鸲属 *Rhyacornis* Blanford, 1872

（204）红尾水鸲 *Rhyacornis fuliginosa fuliginosa* (Vigors)

英文名 Plumbeous Water Redstart

形态特征 体小，雄雌异色，体长约13cm。雄鸟体羽大部深灰蓝色，头部及胸部更暗；翅黑褐色；尾羽及尾上覆羽、尾下覆羽栗红色。雌鸟上体灰褐色沾橄榄色；翅黑褐色；大覆羽、中覆羽端部有白点，形成2道白色点斑；腰和尾上覆羽、尾下覆羽白色；尾羽暗褐色，外侧尾羽羽基大部白色；下体灰白色，羽基和羽缘深灰色，成鳞状斑纹。与小燕尾的区别在于：尾端有槽口，头顶无白色，翼上无横纹。幼鸟灰色上体具白色点斑。虹膜深褐色；嘴黑色；脚褐色。

生态习性 单独或成对活动。几乎总是在多砾石的溪流及河流两旁或停栖于水中砾石。尾常摆动。在岩石间快速移动。炫耀时停在空中振翼，尾扇开，作螺旋形飞回栖处。领域性强，但常与河乌、溪鸲或燕尾混群。主要觅食水生昆虫。

141）溪鸲属 *Chaimarrornis* Hodgson, 1844

（205）白顶溪鸲 *Chaimarrornis leucocephalus* (Vigors)

英 文 名 White-capped Water Redstart

形态特征 体大，黑色及栗色，体长15.8～20.2cm。头顶白色，头侧黑色；后颈至背和喉至胸部及翅上覆羽亮蓝黑色；飞羽黑褐色；其余体羽栗红色；尾羽具黑色羽斑。雄雌同色。亚成鸟色暗而近褐色，头顶具黑色鳞状斑纹。虹

膜褐色；嘴及脚黑色。

生态习性 常立于水中或于近水的突出岩石上。降落时不停地点头且具黑色羽梢的尾不停抽动。求偶时作奇特的摆晃头部的炫耀。

142）啸鸫属 *Myophonus* Temminck, 1822

（206）紫啸鸫 *Myophonus caeruleus caeruleus* (Scopoli)

英文名 Blue Whistling Thrush
形态特征 体大，体长约29cm。通体深蓝紫色，并具有蓝色闪亮点斑。翼及尾沾紫色闪辉，头及颈部的羽尖具闪光小羽片。亚种*caeruleus*嘴黑色；亚种*temminckii*和*eugenei*嘴黄色；亚种*temminckii*中覆羽羽尖白色。虹膜褐色；嘴黄色或黑色；脚黑色。
生态习性 栖于临河流、溪流或密林中的多岩石露出处。地面取食，受惊时慌忙逃至覆盖下并发出尖厉的警叫声。觅食昆虫等小动物，有时也到厕所内取食蝇蛆。

143）燕尾属 *Enicurus* Temminck, 1822

（207）小燕尾 *Enicurus scouleri* Vigors

英文名 Little Forktail

形态特征 额、头顶前部、背的中部和尾上覆羽白色；上体其余部分深黑色；两翼黑褐色；大覆羽先端和飞羽基部白色，形成一道宽阔的白色翼斑；内侧飞羽的外缘白色；中央尾羽黑色而基部白色；外侧尾羽的白色逐渐扩大，至最外侧尾羽几乎为纯白色面仅具黑端；额、喉和上胸黑色；下体其余部分白色；两胁略带黑褐色。虹膜褐色；嘴黑色；脚肉色。

生态习性 生活在山涧溪边。多成对活动。食物主要为昆虫。

（208）灰背燕尾 *Enicurus schistaceus* (Hodgson)

英 文 名 Slaty-backed Forktail

形态特征 体型中等，黑白色，体长约21cm。前额白色；头顶至背和肩蓝灰色；腰至尾上覆羽白色；翅黑褐色，具白色翅斑；颏、喉部黑色；下体余部白色；中央尾羽大部黑色，基部和羽端白色；外侧尾羽纯白色。两性相似。与其他燕尾的区别在于：头顶及背灰色。幼鸟头顶及背青石深褐色；胸部具鳞状斑纹。虹膜褐色；嘴黑色；脚粉红色。

生态习性 栖息于山间溪流和河流边缘的灌木、石头上。常在浅水滩的石头缝隙间觅食水生昆虫及螺类等小动物。

（209）白额燕尾 *Enicurus leschenaulti sinensis* Gould

别　　名　黑背燕尾

英 文 名　White-crowned Forktail

形态特征　体型中等，黑白色，体长约27cm，体型较黑背燕尾大。前额至头顶白色；头顶的羽毛较长呈冠状；头顶后部至背和肩羽、头、颈两侧、颏、喉至胸部纯黑色；腰至尾上覆羽和下体余部纯白色；翅黑褐色，具大的白色翅斑；尾羽除外侧两对纯白色外，其余尾羽大部黑色，羽基和羽端白色。虹膜褐色；嘴黑色；脚偏粉色。

生态习性　活跃好动，喜多岩石的湍急溪流及河流。停栖于岩石或在水边行走，寻找食物并不停地展开叉形长尾。近地面飞行而呈波状，且飞且叫。食性以水生昆虫为主。

144）石䳭属 *Saxicola* Bechstein, 1802

（210）黑喉石䳭 *Saxicola torquata przewalskii* (Pleske)

英 文 名 Siberian Stonechat

形态特征 体型中等，黑色、白色及赤褐色，体长约13cm。雄鸟头部、背面、颏、喉黑色；颈侧和肩部具白斑；胸、腹及尾下覆羽棕色。雌鸟头部和背面棕褐色，斑杂黑褐色纵纹；颏、喉淡棕白色；胸、腹及尾下覆羽棕色。与雌性白斑黑石䳭的区别在于：色彩较浅，且翼上具白斑。虹膜深褐色；嘴黑色；脚近黑色。

生态习性 栖息于低山开阔灌丛或平地疏林间，也可在居民区或其他生境中出现，选择生境多样。常见于田间灌丛、矮树或电线上。以昆虫为主要食物。

（211）灰林䳭 *Saxicola ferreus haringtoni* (Hartert)

英文名 Grey Bushchat

形态特征 体型中等，体长约13cm。雄鸟上体暗灰色，具黑色纵纹；眉纹白色；脸部黑色；翅和尾羽黑褐色；翅上最内侧覆羽白色；颏、喉白色；胸和腹部灰白色。雌鸟上体棕褐色；翅和尾羽黑褐色；下体、颏、喉白色；胸和腹部至尾下覆羽淡灰棕褐色。幼鸟似雌鸟，但下体褐色具鳞状斑纹。虹膜深褐色；嘴灰色；脚黑色。

生态习性 栖息于山地林缘灌丛及开阔河谷区、田坝区的灌木草丛地带。在同一地点长时间停栖，尾摆动。在地面或于飞行中捕捉昆虫。

145）矶鸫属 *Monticola* Boie, 1822

（212）蓝矶鸫 *Monticola solitarius pandoo* (Sykes)

英 文 名　Blue Rock Thrush

形态特征　体型中等，体长约20cm。雄鸟上体蓝色；两翅和尾羽黑褐色，外缘蓝色；亚种*pandoo*下体全呈铅灰蓝色；亚种*philippensis*喉部蓝色，下体余部栗红色。雌鸟上体蓝色，下体淡棕黄色或白色，羽基和端缘黑色，形成鳞斑状花纹。亚成鸟似雌鸟但上体具黑白色鳞状斑纹。虹膜褐色；嘴及脚黑色。

生态习性　常栖于突出位置，如岩石、房屋柱子及死树。冲向地面捕捉昆虫。常见单个活动。

146）鹟属 *Muscicapa* Brisson, 1760

（213）乌鹟 *Muscicapa sibirica rothschildi* (S. Baker)

英 文 名 Dark-sided Flycatcher

形态特征 体型略小，体长11~13.8cm。成鸟上体乌灰褐色；眼圈白色；下体白色，喉、胸和胁部杂以灰褐色短纹，具明显的白色喉斑；腹部中央白色；翅形尖长，折合时覆盖尾长的2/3以上。两性相似。与灰纹鹟相似，但胸和胁部的灰褐色纵纹较粗著或连成片，斑纹不清晰，飞羽内缘棕褐色与灰纹鹟的灰白色有别。幼鸟上体乌褐色具皮黄色点斑，下体污白色具暗褐色羽缘，呈斑杂状。虹膜深褐色；嘴及脚黑色。

生态习性 栖于山区或山麓森林的林下植被层及林间。紧立于裸露低枝，冲出捕捉过往昆虫。单个或3~5只结群活动、觅食。

（214）北灰鹟 *Muscicapa dauurica dauurica* Pallas

英文名 Asian Brown Flycatcher

形态特征 体型略小，体长12～13.3cm。上体灰褐色；翅上覆羽、飞羽和尾羽暗褐色；大覆羽和内侧飞羽边缘淡棕色；眼圈白色；下体、胸和两胁淡灰褐色；颏、喉、腹及尾下覆羽白色。两性相似。与乌鹟的区别在于：上体羽色较浅淡；胸部不具白色纵纹，灰褐色也较浅淡。与褐胸鹟的区别在于：背羽多灰色而少橄榄黄褐色；下嘴尖端黑色，而不呈金黄色；脚黑褐色而不呈肉黄色。虹膜褐色；嘴黑色，下嘴基部黄色；脚黑褐色。

生态习性 多栖于山地树林间。常停留在树枝上，见有食物方才迅速飞下捕捉，然后再返回原枝上。

（215）褐胸鹟 *Muscicapa muttui* (Layard)

英 文 名 Brown-breasted Flycatcher
形态特征 体型略小（体长14cm），偏褐色。胸与两胁黄褐色，常形成宽阔的胸带；下嘴基部黄褐色。雌雄同色，额至头顶暗褐色；至肩、小覆羽、背、腰等转为橄榄褐色；尾上覆羽和尾羽及两翅等的羽缘大都黄褐色；眼先与眼圈灰白色；头侧灰褐色；下体灰白色；胸和两胁转黄褐色，形成宽阔的胸带。虹膜暗褐色；上嘴黑色，下嘴基部

黄色；跗蹠、趾及爪等蜡黄色。
生态习性 性隐蔽，常匿在低底地遮遮掩掩地吃飞虫，在拂晓或黄昏较多活动。如见有昆虫飞过，则迅速腾空而捕之，然后又立即返回原处。平时习惯于长时在一个栖处待捕饵物，因而很少被人发现。鸣声为悦耳细弱的"sit"叫声。

147）姬鹟属 *Ficedula* Brisson, 1760

（216）白眉姬鹟 *Ficedula zanthopygia* (Hay)

英 文 名 Yellow-rumped Flycatcher

形态特征 雄鸟体小（体长13cm），黄色、白色及黑色；腰、喉、胸及上腹黄色；下腹、尾下覆羽白色，其余黑色；仅眉纹及翼斑白色。雌鸟上体暗褐色；下体色较淡；腰暗黄色。雄鸟白色眉纹和黑色背部及雌鸟的暗黄色腰各自有别于黄眉[姬]鹟的雄雌两性。虹膜褐色；嘴及脚黑色。

生态习性 喜灌丛及近水林地。

（217）鸲姬鹟 *Ficedula mugimaki* (Temminck)

英文名 Mugimaki Flycatcher

形态特征 体长11.7～13cm。雄鸟头和背亮黑色；眉纹白色；下背至腰鲜黄色；翅黑色，内侧大覆羽及三级飞羽外缘白色，形成特殊的翅斑；尾上覆羽和尾羽亦为黑色；下体鲜黄色；喉和上胸橙黄色；腹部中央和尾下覆羽白色。雌鸟无眉纹；上体橄榄绿色；腰羽鲜黄色；翅黑褐色，外缘橄榄绿色，内侧大覆羽和三级飞羽外缘白色或淡棕色，形成翅斑；尾羽黑褐色；下体淡皮黄色；喉淡黄白色；胸沾褐色；尾下覆羽白色沾淡黄色。雄鸟白色眉纹和黑色背部及雌鸟的黄色腰各自有别于黄眉[姬]鹟的雄雌两性。虹膜褐色；嘴及脚黑色。

生态习性 是典型的森林鸟类。常隐匿于山地茂密的阔叶林或竹林中活动，少鸣叫，不易被人发觉。多食昆虫。

（218）橙胸姬鹟 *Ficedula strophiata strophiata* (Hodgson)

英 文 名　Rufous-gorgeted Flycatcher

形态特征　体型略小，体长12～14cm。雄鸟上体橄榄褐色；白色眉纹从前额伸达眼前上方；额基至眼先和头侧及颊、喉黑色；下喉至上胸有一半圆形橙棕色胸斑；颈侧和胸呈石板灰色；胁橄榄褐色；腹部灰白色；尾上覆羽和中央尾羽黑色，外侧尾羽基部白色，端部黑褐色；尾下覆羽白色。雌鸟额基和头侧橄榄灰褐色；眉纹灰白色，不甚明显；额、喉至上胸橄榄褐色，渲染棕色；余部与雄鸟相似。亚成鸟具褐色纵纹，两胁棕色而具黑色鳞状斑纹。虹膜褐色；嘴黑色；脚褐色。

生态习性　林栖型。栖息于热带、亚热带和高山寒温带地区的山坡灌木林、竹林、杜鹃灌丛之中。多在林下阴暗处活动。以昆虫为食。

（219）红喉姬鹟 *Ficedula albicilla* (Pallas)

英 文 名 Taiga Flycatcher

形态特征 体型小，体长11.5～13.2cm。上体灰褐色；翅暗褐色，外缘淡棕褐色；尾上覆羽和中央尾羽黑色；外侧尾羽基部白色，端部黑褐色；下体污白色；胸淡灰褐色；雄鸟喉部橙黄色，雌鸟喉部白色。尾及尾上覆羽黑色区别于北灰鹟。虹膜深褐色；嘴及脚黑色。

生态习性 栖于林缘及河流两岸的较小树上。有险情时冲至隐蔽处。尾展开显露基部的白色并发出粗哑的"咯咯"声。以昆虫为食。

148）铜蓝仙鹟属 *Eumyias* Swainson, 1838

（220）铜蓝鹟 *Eumyias thalassinus thalassinus* (Swainson)

英文名 Verditer Flycatcher

形态特征 体型略大（体长17cm），全身绿蓝色。雄鸟眼先黑色；雌鸟色暗，眼先暗黑色。雄雌两性尾下覆羽均具偏白色鳞状斑纹。亚成鸟灰褐色沾绿色，具皮黄色及近黑色的鳞状纹及点斑。与雄性纯蓝仙鹟的区别在于：嘴较短、绿色较浓，蓝灰色的臀具偏白色的鳞状斑纹。虹膜褐色；嘴黑色；脚近黑色。

生态习性 栖息于热带和亚热带山地阔叶林、针叶林、针阔混交林和灌丛地带。常见单个或成对活动。主要觅食昆虫。

149）蓝仙鹟属 *Cyornis* Blyth, 1843

（221）白喉林鹟 *Cyornis brunneatus brunneatus* (Slater)

英文名 Brown-chested Jungle Flycatcher

形态特征 体型中等（体长15cm），偏褐色，胸带浅褐色。颈近白色而略具深色鳞状斑纹；下颚色浅。亚成鸟上体皮黄色而具鳞状斑纹，下颚尖端黑色。看似翼短而嘴长。虹膜暗褐色；嘴上颚近黑色，下颚基部偏黄色；脚粉红色。

生态习性 栖于高可至海拔1100m的林缘下层、茂密竹丛、次生林及人工林。

（222）山蓝仙鹟 *Cyornis banyumas whitei* Harington

英文名　Hill Blue Flycatcher

形态特征　体型中等（体长15cm），蓝色、橘黄色及白色（雄鸟）或褐色（雌鸟）。雄鸟上体深蓝色；额及短眉纹钴蓝色；眼先、眼周、颊及颏点黑色；喉、胸及两胁橙黄色；腹白色；颏及整个喉橘黄色，且腰无闪光而有别于其他所有胸部橘黄色的蓝仙鹟。雌鸟上体褐色；眼圈皮黄色；下体似雄鸟但较淡。与雌性蓝喉仙鹟的区别在于：胸多棕色，喉棕色非皮黄色。虹膜褐色；嘴黑色；脚褐色。

生态习性　常静立不动。从低栖处捕食。甜美悦耳的颤鸣声音程甚复杂。告警叫声为粗哑的"chek-chek"声。

150）仙鹟属 *Niltava* Hodgson, 1837

（223）棕腹仙鹟 *Niltava sundara denotata* Bangs *et* Philips

英文名 Rufous-bellied Niltava

形态特征 体型中等（体长18cm）而头大。雄鸟上体蓝色，下体棕色，具黑色眼罩，头顶、颈侧点斑、肩块及腰部辉蓝色。与蓝喉仙鹟的区别在于：喉黑色，胸橘黄色渐变成臀部的皮黄色。与棕腹大仙鹟的区别在于：体羽较亮丽，臀棕黄色较浓，额辉蓝色延伸过头顶。雌鸟褐色；腰及尾近红色；项纹白色；颈侧辉浅蓝色斑；眼先及眼圈皮黄色而有别于除棕腹大仙鹟外的其他所有鹟的雌鸟，但臀部的皮黄色较重，翼较短。虹膜褐色；嘴黑色；脚灰色。

生态习性 性孤僻安静。常低伏于矮树丛，跳至地面捕食昆虫。身体常朝前点动，每隔几秒尾抽动一次。

（224）小仙鹟 *Niltava macgrigoriae* (Burton)

英 文 名　Small Niltava

形态特征　体小（体长14cm），深色。雄鸟头顶前部、腰、颈两侧的小块斑钴蓝色；额及眼先黑色；上体余部紫蓝色；喉紫蓝色；下体余部灰色；腹部近白色。雌鸟上体棕橄榄色；翅及尾锈褐色；颈的两侧亦具钴蓝色小块斑；喉暗黄色；下体余部黄褐色沾棕色。虹膜褐色；嘴及脚黑色。

生态习性　藏匿于森林林下的茂密灌丛。叫声为细而高的"twee-twee-ee-twee"鸣声，第二音最高。另有似下降的"see-see"叫声。

53. 太平鸟科 Bombycillidae

151）太平鸟属 *Bombycilla* Vieillot, 1808

（225）小太平鸟 *Bombycilla japonica* Siebold

别　　名　十二红
英 文 名　Japanese Waxwing
形态特征　额及头顶前部栗色，愈向后色愈淡；头顶灰褐色；枕部后方黑褐色并伸出长冠羽；上嘴基部、眼先及眼上形成黑色细纹带，后方与黑枕带相连接；背、肩羽灰褐色；腰至尾上覆羽褐灰色至灰色；翅覆羽灰褐色，具鲜明的、长7～10mm的玫瑰色外翈端；尾羽褐灰色；颏、喉黑色；颊的下部与黑喉交界处为淡栗色；胸、胁及腹侧与背羽同色；腹中部淡灰色；尾下覆羽淡栗色。雌鸟似雄鸟。虹膜紫红色；嘴、脚及爪黑色。

生态习性　迁徙及越冬期间成小群在针叶林及高大的阔叶树上觅食，常与太平鸟混群活动。一般生活习性与太平鸟相似，以植物果实及种子为主要食物。

54. 叶鹎科 Chloropseidae

152）叶鹎属 *Chloropsis* Jardine *et* Selby, 1827

（226）橙腹叶鹎 *Chloropsis hardwickii melliana* Stresemann

英 文 名 Orange-bellied Leafbird

形态特征 体型略大而色彩鲜艳，体长约18cm。雄性成鸟上体绿色；额和头顶两侧微黄色；小覆羽亮钴蓝色；其余覆羽和外侧飞羽紫黑色；内侧飞羽表面绿色；尾羽黑色而缀以暗紫色；喉侧具宽阔的蓝色髭纹；喉和上胸均黑色；腹部橙黄色；两胁淡绿色。雌鸟整个上体绿色；两翅外侧和外侧尾羽染蓝色；头部无黄色渲染；下体除腹部中央和尾下覆羽橙黄色以外，均为浅绿色。虹膜褐色；嘴黑色；脚灰色。

生态习性 栖息于热带和南亚热带湿性阔叶林、沟谷林、针阔混交林、次生林及小乔木林中。常成小群或单独活动。杂食性，以动物性食物为主，也取食植物的果实和种子等。

55. 啄花鸟科 Dicaeidae

153）啄花鸟属 *Dicaeum* Cuvier, 1817

（227）纯色啄花鸟 *Dicaeum concolor olivaceum* Walden

英 文 名　Plain Flowerpecker

形态特征　体型微小（体长8cm）。上体橄榄绿色；下体偏浅灰色；腹中心奶油色；翼角具白色羽簇。与厚嘴啄花鸟的区别在于：嘴细且下体无纵纹。虹膜褐色；嘴黑色；脚深蓝灰色。

生态习性　栖于山地林、次生植被及耕作区，常光顾槲寄生类植物。

56. 花蜜鸟科 Nectariniidae

154）太阳鸟属 *Aethopyga* Cabanis, 1851

（228）蓝喉太阳鸟 *Aethopyga gouldiae dabryii* (Verreaux)

英 文 名 Mrs Gould's Sunbird

形态特征 体型略大，体长9.5～15.5cm。雄鸟头和喉辉紫蓝色；背呈暗红色；腰和腹部黄色；胸部或与背同为红色，或与腹部同为黄色，或黄色染以红色；蓝色尾有延长。雌鸟上体橄榄色；下体绿黄色；颏及喉烟橄榄色。虹膜褐色；嘴黑色；脚褐色。

生态习性 栖息于高山阔叶林、沟谷林、稀树灌丛至河边和公路边的乔木树丛和竹丛中。常见单个或成对活动觅食，也有成小群活动的。

（229）叉尾太阳鸟 *Aethopyga christinae latouchii* Slater

英 文 名 Fork-tailed Sunbird

形态特征 雄鸟体小（体长10cm）而纤弱；头顶闪绿彩色；上体灰黑色或暗橄榄黄色；腰鲜黄色；尾金属绿色；中央尾羽羽轴先端延长呈针状；喉、胸赭红色或褐红色；腹部灰黄色；头侧黑色而具闪辉绿色的髭纹和绛紫色的喉斑。雌鸟甚小，上体橄榄色，下体浅绿黄色。虹膜褐色；嘴及脚黑色。

生态习性 栖于森林及有林地区甚至城镇，常光顾开花的矮丛及树木。吴志康（1986）对本种剖检3次，胃中见有花蕊1次、昆虫2次。

57. 梅花雀科 Estrildidae

155）文鸟属 *Lonchura* Sykes, 1832

（230）白腰文鸟 *Lonchura striata swinhoei* (Cabanis)

英 文 名 White-rumped Munia

形态特征 体型中等，比麻雀小，体长11.4～12cm。头颈、上背、喉和胸为暗栗黑褐色，具淡棕白色纤细斑纹；腰白色；尾黑色；腹部淡灰白色。两性相似。亚成鸟色较淡，腰皮黄色。虹膜褐色；嘴及脚灰色。

生态习性 生活于田坝区和丘陵、低山地带的林缘灌木草丛。性喧闹吵嚷，结小群生活。习性似其他文鸟。觅食草籽、谷物和昆虫。

（231）斑文鸟 *Lonchura punctulata topela* (Swinhoe)

英 文 名 Scaly-breasted Munia

形态特征 体形与白腰文鸟相似，比麻雀小。上体褐色；尾金黄色；下体苍白色；喉栗色；胸部和体侧多鳞状斑。虹膜暗褐色；嘴黑褐色；跗蹠及趾铅褐色。幼鸟的嘴、脚均淡黄色。雄雌同色。

生态习性 分布于平原、山脚、河边、村寨附近，多成群栖息于灌丛、竹丛、稻田及草丛间。以吃谷物为主，兼吃少量其他植物种子，很少吃昆虫。

58. 雀科 Passeridae

156）麻雀属 *Passer* Brisson, 1760

（232）山麻雀 *Passer cinnamomeus rutilans* Temminck

英文名 Russet Sparrow

形态特征 体型中等，体长11.6～14.2cm，体形极似麻雀。雄鸟上体较栗红色；耳羽无黑色块斑；眉纹不显著。雌鸟上体呈深褐色；喉无黑色块斑；眉纹显著。雌雄异色。虹膜褐色；嘴雄鸟灰色，雌鸟黄色而端部色深；脚粉褐色。

生态习性 结群栖于高地的开阔林、林地或于近耕地的灌木丛，栖于家麻雀不出现的城镇及村庄。

（233）麻雀 *Passer montanus saturatus* (Linnaeus)

别　名 树麻雀

英 文 名 Eurasian Tree Sparrow

形态特征 体型略小，矮圆，体长12.1～14.8cm。前额、头顶至后颈纯肝褐色；上体沙棕褐色；背杂有黑色条纹；耳羽有黑色块斑；颏、喉黑色。两性相似。与家麻雀及山麻雀的区别在于：脸颊具明显黑色点斑且喉部黑色较少。幼鸟似成鸟但色较黯淡，嘴基黄色。虹膜深褐色；嘴黑色；脚粉褐色。

生态习性 栖于有稀疏树木的地区、村庄及农田并为害农作物。在我国东部替代家麻雀作为城镇中的麻雀。麻雀的营巢地点大都是选定在人为景观内的建筑物场所里，如村庄、庙宇、城市等。常群集田间啄食种芽和谷粒，在繁殖期间吃一些昆虫。

59. 鹡鸰科 Motacillidae

157）山鹡鸰属 *Dendronanthus* Blyth, 1844

（234）山鹡鸰 *Dendronanthus indicus* (Gmelin)

别　名 林鹡鸰
英 文 名 Forest Wagtail
形态特征 体型中等，体长15.1～19.5cm，体形与鹡鸰相似。上体橄榄绿褐色；眉纹白色；飞羽黑色；翅上覆羽具宽阔淡黄白色羽端；尾呈凹尾型；下体白色；胸上具2道黑色的横斑纹，较下的一道横纹有时不完整。虹膜灰色；嘴角质褐色，下嘴色较淡；脚偏粉色。

生态习性 单独或成对在开阔森林地面穿行。尾轻轻往两侧摆动，不似其他鹡鸰（尾上下摆动）。受惊时作波状低飞至前方几米处停下。也停栖树上。

158）鹡鸰属 *Motacilla* Linnaeus, 1758

（235）黄鹡鸰 *Motacilla tschutschensis macronyx* (Stresemann)

英 文 名 Eastern Yellow Wagtail

形态特征 体型中等，带褐色或橄榄色，体长15.5～18.5cm，体形与山鹡鸰相似。头顶灰色或与背同呈橄榄绿色或橄榄褐色；腰部稍浅淡；翅上覆羽和飞羽黑褐色，具黄色端缘，形成2道明显的黄色翅斑；尾羽黑褐色，最外侧2对大部白色；头灰色，无眉纹；颏白色而喉黄色；下体余部亮黄色。两性相似。似灰鹡鸰但背橄榄绿色或橄榄褐色而非灰色，尾较短，飞行时无白色翼纹或黄色腰。非繁殖期体羽褐色较重、较暗；但三四月已恢复繁殖期体羽。雌鸟及亚成鸟无黄色的臀部。亚成鸟腹部白色。虹膜及嘴褐色；脚褐色至黑色。

生态习性 多3～5只结小群在田野或林缘山坡草地、水域边缘的浅滩地带活动。觅食昆虫。

（236）灰鹡鸰 *Motacilla cinerea robusta* (Brehm)

英文名　Gray Wagtail

形态特征　体型中等而尾长，偏灰色，体长16.5～19.2cm，体形与黄鹡鸰相似。前额、头顶至背部概为灰色；腰和尾上覆羽黄色；眉纹和颚纹白色；颏、喉白色（有的稍沾黄色）或黑色（夏羽）；胸、腹至尾下覆羽亮黄色；飞羽黑褐色，内翈基部具白斑，三级飞羽外翈缘黄绿色；尾羽中央3对黑色，外侧第1对纯白色，第2、第3对大部白色，仅外翈黑色；后爪显著弯曲，较后趾为短。与黄鹡鸰的区别在于：上背灰色，飞行时白色翼斑和黄色的腰显现，且尾较长。成鸟下体黄色。亚成鸟下体偏白色。虹膜褐色；嘴黑褐色；脚粉灰色。

生态习性　常光顾多岩溪流并在潮湿砾石或沙地觅食，也于最高山脉的高山草甸上活动。

（237）白鹡鸰 *Motacilla alba* Linnaeus

别　　名　点水雀
英文　名　White Wagtail
形态特征　体型中等（体长20cm），黑色、灰色及白色。

体羽上体黑色，下体白色，两翼及尾黑白相间。冬季头后、颈、背及胸具黑色斑纹但不如繁殖期扩展。黑色的多少随亚种而异。虹膜褐色；嘴及脚黑色。

a. 西方亚种 *Motacilla alba dukhunensis* Sykes

亚种形态特征　颈部的黑色和胸部的黑色是分隔开的。

b. 西南亚种 *Motacilla alba alboides* Hodgson

亚种形态特征　上体呈黑色，眼围为白色。

c. 普通亚种 *Motacilla alba leucopsis* Gould

亚种形态特征　上体黑色，下体白色，胸部有一黑斑。坝之中和居民区建筑物及沙石马路上。多在地上活动觅
生态习性　栖息活动于江、河、溪流、湖泊、水库坝塘等食。站立时尾羽上下摆动，飞行呈波浪式起伏。食物主要
水域周围的沙滩、石头或沼泽湿地的草地上，也常见于田为昆虫。

159）鹨属 *Anthus* Bechstein, 1805

（238）田鹨 *Anthus richardi* Vieillot

英文名 Richard's Pipit

形态特征 体大而站势高，体长17.4～20.5cm，体形似云雀。上体棕黄色，具黑色纵纹；下体淡棕白色，仅胸部棕色较浓并具黑色点斑或条纹。两性相似。似迁徙中的理氏鹨但体较小而尾短，腿及后爪较短，嘴也较小。虹膜褐色；嘴粉红褐色；脚粉红色。

生态习性 见于稻田及短草地。多在田野或山坡草地活动，飞翔姿势呈波浪状。急速于地面奔跑。进食时尾摇动。单个或结小群活动。在地上觅食。食物主要为昆虫。

（239）树鹨 *Anthus hodgsoni hodgsoni* Richmond

英文名 Olive-backed Pipit

形态特征 体型中等，橄榄色，体长14.5～19.1mm，体型较田鹨稍小。上体橄榄绿褐色，满布暗褐色纵纹；具粗显的白色眉纹；翅上具2道棕黄色翅斑；下体白色，胸和两胁沾棕黄色，并具显著的黑色纵纹；最外侧1对尾羽大都白色，次1对尾羽仅尖端具小的三角形白斑。两性相似。

与其他鹨的区别在于：上体纵纹较少，喉及两胁棕黄色，胸及两胁黑色纵纹浓密。虹膜褐色；上嘴角质色，下嘴偏粉色；脚粉红色。

生态习性 比其他的鹨更喜有林的栖息环境，受惊扰时降落于树上。栖息于阔叶林、针叶林、针阔混交林和稀树灌丛草地，也见于居民点房屋和田野等地的树木上。杂食性。

（240）粉红胸鹨 *Anthus roseatus* (Blyth)

英文名 Rosy Pipit

形态特征 体型中等，偏灰色而具纵纹，体长12～17.5cm，体形与树鹨相似，但后爪较后趾为长。上体橄榄灰褐色，上背具粗著的黑褐色纵纹；羽缘淡棕白色，呈斑杂状；胸部淡葡萄红色，成鸟繁殖羽胸部几无黑色纵纹，非繁殖羽胸部具黑色纵纹而葡萄红色较浅淡；两胁具黑色纵纹；腋羽鲜黄色。两性相似。虹膜褐色；嘴灰色；脚偏粉色。

生态习性 栖息于山坡稀树草地、耕作地和田野，有时也见于林缘和灌木林地带。多单个或结小群在地上活动。觅食昆虫和草籽。

60. 燕雀科 Fringillidae

160）朱雀属 *Carpodacus* Kaup, 1929

（241）普通朱雀 *Carpodacus erythrinus roseatus* Blyth

别　　名　朱雀

英 文 名　Common Rosefinch

形态特征　体型略小（体长15cm）。雄鸟头鲜红色，由颊到胸红色；翼斑和腰带粉红色。雌鸟上体橄榄灰色；额与头顶具斑纹；翼斑淡皮黄色。繁殖期雄鸟头、胸、腰及翼斑多具鲜亮红色。雄鸟与其他朱雀的区别在于：红色鲜亮，无眉纹，腹白色，脸颊及耳羽色深而有别于多数相似种类。雌鸟色暗淡。虹膜深褐色；嘴灰色；脚近黑色。

生态习性　喜栖于沿溪河谷的灌丛，针阔混交林和阔叶林林缘，很少到针叶林中；在迁徙时见于柳林、榆林、杂木林，以及花园、苗圃和住宅区的树上。单个或小群生活，少有结成大群的。性活泼而又怯疑。飞翔力强而迅速。以叶芽、野生植物种子、浆果等为主要食物，也食小型鞘翅目昆虫及其幼虫。

161）金翅雀属 *Chloris* Cuvier, 1800

（242）金翅雀 *Chloris sinica sinica* (Linnaeus)

英 文 名 Grey-capped Greenfinch

形态特征 体长12～14.3cm。雄鸟头顶至后颈灰色；背棕褐色；腰橄榄绿黄色；翅上具鲜亮黄色翅斑；喉绿黄色；胸棕褐色而斑杂黄色；尾下覆羽和尾羽基部亮黄色。雌鸟和雄鸟相似，但头顶至后颈多灰褐色而具暗色纵纹。幼鸟色淡且多纵纹。与黑头金翅雀的区别在于：头无深色图纹，体羽褐色较暖，尾呈叉形。虹膜深褐色；嘴偏粉色；脚粉褐色。

生态习性 栖于灌丛、旷野、人工林、林园及林缘地带，高可至海拔2400m。以侧柏种子、乌桕种子、油菜籽、杂草种子、豌豆等为食。

61. 鹀科 Emberizidae

162）凤头鹀属 *Melophus* Swainson, 1827

（243）凤头鹀 *Melophus lathami lathami* Gray

英 文 名 Crested Bunting

形态特征 体型较大（体长17cm），深色。雄鸟头顶具羽冠；头、颈和体羽黑色；翅、尾栗红色。雌鸟与雄鸟相似，但羽色较暗淡而多纵纹。虹膜深褐色；嘴灰褐色，下嘴基部粉红色；脚紫褐色。

生态习性 栖于我国南方大部分丘陵开阔地面及矮草地。活泼易见，活动、取食均多在地面，冬季于稻田取食。以草莓及各类杂草种子为食，兼食各类昆虫，也到田间取食谷物。

163）鹀属 *Emberiza* Linnaeus, 1758

（244）蓝鹀 *Emberiza siemsseni* (Martens)

英文名 Slaty Bunting

形态特征 体小（体长13cm）而矮胖，蓝灰色。雄鸟体羽大致石蓝灰色，仅腹、臀及尾外缘色白，三级飞羽近黑色。雌鸟为暗褐色而无纵纹，具2道锈色翼斑；腰灰色；头及胸棕色。虹膜深褐色；嘴黑色；脚偏粉色。

生态习性 栖于次生林及灌丛。成对或三五只成小群，活动于毛竹林或杉树林中，也见于林缘的草灌丛间，多见于地上，未见在树上活动的。性不畏人。

（245）三道眉草鹀 *Emberiza cioides castaneiceps* Moor

英 文 名 Meadow Bunting

形态特征 体型略大，棕色，体长13.5～16.5cm，具醒目的黑白色头部图纹和栗色的胸带，以及白色的眉纹、上髭纹并颏及喉。繁殖期雄鸟脸部有别致的褐色及黑白色图纹；胸栗色；腰棕色。雌鸟色较淡；眉线及下颊纹皮黄色；胸浓皮黄色。雄雌两性均似鲜见于我国东北的栗斑腹鹀。但本种的喉与胸对比强烈，耳羽褐色而非灰色，白色翼纹不醒目，上背纵纹较少，腹部无栗色斑块。幼鸟色淡且多细纵纹，甚似戈氏岩鹀及灰眉岩鹀的幼鸟但中央尾羽的棕色羽缘较宽，外侧尾羽羽缘白色。虹膜深褐色；嘴双色，上嘴色深，下嘴蓝灰色而端部色深；脚粉褐色。

生态习性 栖居高山丘陵的开阔灌丛及林缘地带，冬季下至较低的平原地区。除繁殖期成对或结小群活动外，常几只到几十只一起在地上觅食。以昆虫和杂草种子为食。

（246）白眉鹀 *Emberiza tristrami* Swinhoe

英文名 Tristram's Bunting

形态特征 体型中等，体长约14.6cm，形态与田鹀相似。头顶黑色具白色中央冠纹；眉纹和颊纹白色；脸黑色；颏白色；喉黑色；背红褐色具黑褐色纵纹；腰至尾上覆羽和中央一对尾羽栗红色；胸和胁赤褐色；下体余部白色。较黄眉鹀少黄色眉纹，较田鹀少红色的颈背。与黄眉鹀的区别还在于：尾色较淡，黄褐色较多，胸及两胁纵纹较少且喉色较深。虹膜深栗褐色；上嘴蓝灰色，下嘴偏粉色；脚浅褐色。

生态习性 多藏隐于山坡林下的浓密棘丛。冬季单只或三五只结群。多以昆虫为食。

（247）栗耳鹀 *Emberiza fucata fucata* Pallas

别　　名 赤胸鹀

英 文 名 Chestnut-eared Bunting

形态特征 体型略大，体长14.4～15.8cm。头顶至后颈灰色，满布黑色纵纹；上体棕色，上背亦有粗著的黑色纵纹；耳羽栗红色；颏、喉白色；粗著的黑色条纹形成领环，由喉侧延伸至上胸；胸和胁部棕红色；腹淡棕白色；尾羽黑褐色，外侧2对尾羽端部具楔状白斑。雌鸟与雄鸟相似，但羽色较浅淡。虹膜深褐色；上嘴黑色具灰色边缘，下嘴蓝灰色而基部粉红色；脚粉红色。

生态习性 单只或结小群活动于草坡、耕作区。以杂草种子、嫩苗及昆虫为食。

（248）小鹀 *Emberiza pusilla* Pallas

英 文 名 Little Bunting

形态特征 体小而具纵纹，体长12～14.6cm。冬羽头顶中央冠纹暗栗红色；侧冠纹黑色较粗著；眉纹、颊和耳羽棕红色；眼后纹和颚纹黑色；上体棕褐色，满布黑色纵纹；下体淡棕白色；胸和体侧亦有黑色纵纹。繁殖期成鸟体小而头具黑色和栗色条纹；眼圈色浅。虹膜深红褐色；嘴灰色；脚红褐色。

生态习性 冬季结小群活动于低山丘陵地带的阔叶林、针阔混交林、灌丛、针叶林、稀树草坡、耕作区或竹林间。以杂草种子和昆虫为食。

（249）黄喉鹀 *Emberiza elegans elegantula* Swinhoe

英 文 名　Yellow-breasted Bunting

形态特征　体长13.2～15.2cm。雄性成鸟前额至头顶黑色，形成短的羽冠；宽著的眉纹和喉斑呈亮黄色；头侧和颏及宽阔的胸斑呈黑色；背部棕黄色满布黑色纵纹，肩羽沾灰色；下体余部白色；两胁淡棕色具黑色纵纹；最外侧2对尾羽内翈白斑宽阔。雌性成鸟头顶和整个背部暗棕黄色；眉纹暗黄色；头侧黑褐色杂暗棕黄色斑纹；颏、喉至胸淡棕黄色；胸和胁部具暗栗褐色纵纹；腹至尾下覆羽白色；尾羽与雄鸟相似。虹膜深栗褐色；嘴近黑色；脚浅灰褐色。

生态习性　栖于丘陵及山脊的干燥落叶林及混交林。越冬多在林地及次生灌丛。

（250）栗鹀 *Emberiza rutila* Pallas

英文名 Chestnut Bunting

形态特征 体型略小（体长15cm），栗色和黄色。繁殖期雄鸟的头、上体及胸为栗色，腹部为黄色。非繁殖期雄鸟相似但色较暗，头及胸散洒黄色。雌鸟甚少特色，顶冠、上背、胸及两胁具深色纵纹。与雌性黄胸鹀及灰头鹀的区别在于：腰棕色，且无白色翼斑或尾部白色边缘。幼鸟纵纹更为浓密。虹膜深栗褐色；嘴偏褐色或角质蓝色；脚淡褐色。

生态习性 喜有低矮灌丛的开阔针叶林、混交林及落叶林，高可至海拔2500m。冬季于林边及农耕区活动。多以昆虫为食。

（251）灰头鹀 *Emberiza spodocephala spodocephala* Pallas

英文名　Black-faced Bunting

形态特征　体长12.7～14.9cm。眼先、眼圈和嘴基线黑色；头、颈、颏、喉至胸灰绿色；上背和肩羽棕褐色具黑色纵纹；下背至尾上覆羽橄榄棕褐色；翅、尾黑褐色，外缘棕褐色；腹部黄色；胁部具黑色纵纹；外侧2对尾羽具宽阔白斑。雌鸟上体棕褐色具黑色纵纹；下体黄色；胸部具黑褐色纵纹；余部与雄鸟相似。虹膜深栗褐色；上嘴近黑色而边缘色浅，下嘴偏粉色而端部色深；脚粉褐色。

指名亚种繁殖期雄鸟的头、颈、背及喉灰色，眼先及颏黑色；上体余部浓栗色而具明显的黑色纵纹；下体浅黄色或近白色；肩部具一白斑；尾色深而带白色边缘。雌鸟及冬季雄鸟头橄榄色，过眼纹及耳覆羽下的月牙形斑纹黄色。冬季雄鸟与硫黄鹀的区别在于：无黑色眼先。

生态习性　结小群活动于稀树草坡、耕作区和果园。以稻谷和杂草种子为食。

茂兰鸟类补遗

中国茂兰鸟类

I. 鹳形目 CICONIIFORMES

1. 鹳科 Ciconiidae

1）钳嘴鹳属 *Anastomus* Bonnaterre, 1791

（1）钳嘴鹳 *Anastomus oscitans* (Boddaert)

英文名 Asian Open-bill Stork

形态特征 体型中等。体羽白色至灰色，冬羽烟灰色；飞羽和尾羽黑色。鸟喙下喙有凹陷，喙闭合时有明显缺口。虹膜白色至褐色；脸部裸露皮肤灰黑色；鸟喙黄灰色；脚粉红色。

生态习性 栖息于水田、沼泽及湖泊等湿地。食物以两栖类、爬行类、小型水生无脊椎动物为主。

II. 雀形目 PASSERIFORMES

2. 鹡鸰科 Motacillidae

2）鹡鸰属 *Motacilla* Linnaeus, 1758

（2）黄头鹡鸰 *Motacilla citreola citreola* Pallas

英 文 名　Citrine Wagtail

形态特征　雄鸟头顶和下体黄色；后颈黑色，沿颈侧至上胸两侧为黄色；上体余部为苍灰色；尾羽黑色，外侧为白色；两翼暗褐色，中覆羽、大覆羽及三级飞羽均具宽阔白色羽缘。雌鸟与雄鸟相似，但头顶及脸颊灰色。虹膜深褐色；嘴黑色；脚近黑色。

生态习性　常沿水边活动，喜沼泽草甸、苔原带及柳树丛。食物以杂草种子及昆虫为主。

3. 鹀科 Emberizidae

3）鹀属 *Emberiza* Linnaeus, 1758

（3）黄胸鹀 *Emberiza aureola ornata* Shulpin

英 文 名 Yellow-breasted Bunting

形态特征 体型中等（体长15cm），色彩鲜亮。雄鸟额黑色；头顶前部黑褐色；头侧褐黑色而杂有黄色；脸及喉黑色，黄色的领环与黄色的胸、腹部间隔有栗色胸带，翼角有显著的白色横纹。雌鸟及亚成鸟顶纹浅沙色，两侧有深色的侧冠纹，几乎无下颊纹，形长的眉纹浅淡皮黄色。虹膜深栗褐色；上嘴灰色，下嘴粉褐色；脚淡褐色。

生态习性 栖于稻田、芦苇地或高草丛及湿润的荆棘丛。冬季常结成大群活动。

主要参考文献

陈服官, 罗时有. 1998. 中国动物志 鸟纲 第九卷 雀形目(太平鸟科—岩鹨科). 北京: 科学出版社.

傅桐生, 宋榆钧, 高玮, 等. 1998. 中国动物志 鸟纲 第十四卷 雀形目(文鸟科—雀科). 北京: 科学出版社.

匡中帆, 吴忠荣, 白皓天, 等. 2015. 贵州省鸟类科的新纪录——燕䴗科(灰燕䴗). 四川动物, 34(1): 28.

兰洪波, 冉景丞, 杨仕涛, 等. 2010. 茂兰自然保护区野生药用鸟类资源调查. 安徽农业科学, 38(24): 13135-13137.

李桂垣, 郑宝赉, 刘光佐. 1982. 中国动物志 鸟纲 第十三卷 雀形目(山雀科—绣眼鸟科). 北京: 科学出版社.

刘佳, 林建忠, 李生强, 等. 2018. 利用红外相机对贵州茂兰自然保护区兽类和鸟类资源的初步调查. 兽类学报, 38(3): 323-330.

冉景丞, 陈会明, 熊志斌. 2003. 贵州茂兰国家级自然保护区鸟类调查. 贵州林业科技, 31(3): 26-32.

冉景丞, 熊志斌, 张丛贵. 1999. 茂兰喀斯特森林区食果(种子)鸟与树种传播初步研究. 贵州师范大学学报(自然科学版), 17(2): 63-66.

谭耀匡, 关贯勋. 2003. 中国动物志 鸟纲 第七卷 夜鹰目 雨燕目 咬鹃目 佛法僧目 䴕形目. 北京: 科学出版社.

王岐山, 马鸣, 高育仁. 2006. 中国动物志 鸟纲 第五卷 鹤形目 鸻形目 鸥形目. 北京: 科学出版社.

吴志康, 等. 1986. 贵州鸟类志. 贵阳: 贵州人民出版社.

约翰·马敬能, 卡伦·菲利普斯, 何芬奇. 2000. 中国鸟类野外手册. 长沙: 湖南教育出版社.

张强, 冉景丞, 王茂, 等. 2013. 贵州茂兰发现大草莺. 动物学杂志, 48(1): 101, 117.

郑宝赉. 1985. 中国动物志 鸟纲 第八卷 雀形目(阔嘴鸟科—和平鸟科). 北京: 科学出版社.

郑光美, 等. 2017. 中国鸟类分类与分布名录(第三版). 北京: 科学出版社.

郑作新. 1963. 中国经济动物志 鸟类. 北京: 科学出版社.

郑作新, 等. 1978. 中国动物志 鸟纲 第四卷 鸡形目. 北京: 科学出版社.

郑作新, 等. 1979. 中国动物志 鸟纲 第二卷 雁形目. 北京: 科学出版社.

郑作新, 等. 1997. 中国动物志 鸟纲 第一卷 第一部 中国鸟纲 绪论. 第二部 潜鸟目 鹱鹳目 鹱形目 鹈形目 鹳形目. 北京: 科学出版社.

郑作新, 等. 2010. 中国动物志 鸟纲 第十二卷 雀形目 鹟科Ⅲ 莺亚科、鹟亚科. 北京: 科学出版社.

郑作新, 龙泽虞, 卢汰春, 等. 1995. 中国动物志 鸟纲 第十卷. 雀形目 鹟科: Ⅰ 鸫亚科. 北京: 科学出版社.

郑作新, 龙泽虞, 郑宝赉, 等. 1987. 中国动物志 鸟纲 第十一卷 雀形目 鹟科: Ⅱ 画眉亚科. 北京: 科学出版社.

郑作新, 冼耀华, 关贯勋, 等. 1991. 中国动物志 鸟纲 第六卷 鸽形目 鹦形目 鹃形目 鸮形目. 北京: 科学出版社.

周政贤, 等. 1987. 茂兰喀斯特森林科学考察集. 贵阳: 贵州人民出版社.

中文名索引

拉丁名索引

英文名索引